《心理个案分析》编委会

主　编：王　挺

编　委：肖三蓉　吴寒斌　韩　英

王挺◎主编

心理个案

分析

江西人民出版社
Jiangxi People's Publishing House
全国百佳出版社

图书在版编目（CIP）数据

心理个案分析 / 王挺主编 .-- 南昌：江西人民出版社，2023.6（2024.7 重印）
　ISBN 978-7-210-14408-3

　Ⅰ . ①心… Ⅱ . ①王… Ⅲ . ①精神分析 Ⅳ . ① B841

中国国家版本馆 CIP 数据核字 (2023) 第 015191 号

心理个案分析
XINLI GEAN FENXI

王　挺　主编

责 任 编 辑：饶　芬
装 帧 设 计：同异文化传媒

 出版发行

地　　　　址：江西省南昌市三经路 47 号附 1 号（邮编：330006）
网　　　　址：www.jxpph.com
电 子 信 箱：jxpph@tom.com
编辑部电话：0791-86898683
发行部电话：0791-86898815
承 　印 　厂：北京虎彩文化传播有限公司
经　　　　销：各地新华书店

开　　　本：787 毫米 ×1092 毫米　1/16
印　　　张：15.25
字　　　数：210 千字
版　　　次：2023 年 6 月第 1 版
印　　　次：2024 年 7 月第 2 次印刷
书　　　号：ISBN 978-7-210-14408-3
定　　　价：60.00 元
赣版权登字 -01-2023-232

前 言

　　个案分析是应用心理学专业中为熟练掌握心理咨询与治疗技术而开设的一门非常重要和关键的实践课程。通过个案分析和讨论可以做到心理治疗和咨询技术理论与实践的无缝对接。个案分析课程的开设可以帮助学生在面对个案时，从不同的角度和运用不同治疗方法来对来访者进行评估和诊断。通过对每个个案的分析和讨论可以熟悉心理治疗和咨询中的基本原理、具体操作步骤和各实施环节等。

　　本书系江西中医药大学第六批校本教材建设项目成果。学生在系统学习本专业的过程中，虽然掌握了主要理论知识，但往往缺乏心理咨询与治疗的操作和实践技能。本书能够使学生对个案的处理有较强的感性接触，进而提升其心理咨询与治疗的实践操作能力。

　　本书对个人成长过程中不同阶段常见的各种异常行为类型做了较为系统的个案收集与分析，通过个案分析能够帮助学生较好地掌握心理咨询与治疗的基本分析思路、诊断与治疗策略等实践操作能力。本书也能为学生后续的专业课程学习和今后工作中实际问题的解决打下良好的基础。

　　本书主要包括四个部分：第一编，儿童心理个案分析；第二编，青少年心理个案分析；第三编，婚恋心理个案分析；第四编，家庭教育心理个案分析。每一编又包含两个部分，分别是理论篇和实战篇。理论篇主要介绍了各成长阶段中较为典型的心理特点、规律及其常见异常类型；实战篇则通过较有代表性的影视剧作品、心理咨询个案等做了较为系统与深入的案例解析，具有较强的专业性。

　　本书可作为应用心理学专业本科限选课的学习和教学用书，也可作为各领域心理咨询人员、心理辅导人员及其他心理健康教育服务人员等的学习和参考用书。

王　挺

2022 年秋于南昌

CONTENTS 目录

○ 第一编

儿童心理个案分析

第一部分　理论篇

国家卫健委印发的《健康儿童行动提升计划（2021—2025年）》提出心理健康应从娃娃抓起。心理健康问题已成为全球公共卫生问题之一。人们越来越认识到儿童心理健康问题的重要性。儿童的心理发展存在什么样的特点？它有什么样的规律？哪些因素可能会导致儿童心理问题的出现？儿童期常见的异常心理与行为主要有哪些？针对这些常见的异常行为，心理咨询与治疗中我们有哪些方法可供借鉴？本章节的内容将带你"走进"儿童的内心去探索其中的奥秘。

第一节 儿童的心理发展

一、儿童心理发展的特点与规律

儿童心理发展是指从不成熟到成熟这一阶段所发生的积极心理变化。即它是人们对客观现实反映活动的扩大、改善、日趋完善和复杂化的过程。根据国内外关于儿童年龄段的一般规定，以及埃里克森（Erikson）人格发展八阶段理论，本书将儿童的年龄界定为12岁以下，青少年指13—19岁这个年龄段。

儿童心理发展的特点概括来说可以分为认识活动的具体形象性、心理活动及行为的无意性、个性倾向差异性三个方面（王珲，2016）。

（1）认识活动的具体形象性。幼儿主要是通过感知以及依靠表象来认识事物的。在幼儿认识活动发展期间充斥着事物外在形象的影响，甚至儿童的思维活动也常常难以摆脱知觉印象的束缚。例如，在两个大小相等的杯子里倒入满杯的饮料，幼儿们都认为是一样多；但是如果分别在两个高瘦和矮胖的杯子中倒入相同的饮料，幼儿们就会产生分歧，有的会认为高瘦的杯子中饮料更多，因为这个杯子的饮料更高，而有的则认为矮胖的杯子明显更宽，肯定饮料更多。由此可见，幼儿对容量的辨别易受到不同容器外观的影响。

（2）心理活动及行为的无意性。由于受到生理和心理双重发展的限制，儿童对于自己的心理和行为活动的操控以及调节能力还不够完善，很容易受到来自外界的影响而最终改变自己的心理和行为活动来迎合外界。例如，在幼儿时期的儿童会在没有任何痛感的情况下，听到妈妈说自己摔倒了而认为自己真的摔倒了而哭泣；在青春期的儿童也会因为他人对于自我外貌的抨击而产生自卑感，即使个体本身的外貌不存在任何缺陷。但是在这个时期的儿童如果受到了正向的引导，随着年龄的增长，儿童的心理发展会不断完善。

（3）个性倾向差异性。儿童的个性倾向范围是十分广泛的，无论是在兴趣爱好、与人交往和思维方式等方面都会展现出独特的个性倾向。例如，有的人性格内向，与人沟通存在一定困难；而有的人性格热情，热衷于认识新朋友；有的人喜爱球类运动；而有的人偏爱手机游戏。事实上在婴幼儿期，儿童就已经表现出了自我的个性倾向性，虽然这种倾向不够稳定也存在一定局限性，且容易受到外界的影响从而改变自己的倾向，但个体的个性倾向都是在这个基础上发展起来的。

儿童心理发展规律主要体现在以下几个方面：

（1）连续性和阶段性。心理发展是一个连续的过程，儿童的身体和心理发展都是遵循了一定顺序而展开的，例如身体的发育首先是发展头部然后逐步发展到身体以及四肢，是由中心辐射到四周的。心理的发展也有一个从低级到高级、从简单到复杂、从不分化到逐渐分化的顺序发展。儿童的心理发展过程是不断经过了数量的累积以达到一个质的变化，它是从逐步增加的量变转变成跨越式的质变的过程。在儿童的整个发展过程中可以划分成一些不断连接的阶段，而在不同的阶段会表现出与其他发展阶段有明显区别的个体特征和首要冲突，这就是儿童心理发展的阶段性（程海云，姚本先，2007）。例如皮亚杰将儿童认知发展分为感知运动阶段、前运算阶段、具体运算阶段和形式运算阶段。每一阶段都承接了上一阶段的发展，同时又是下一阶段的开端。

（2）发展具有不平衡性。人的发展不是等速的，学前期和青春期是发展的两大加速期。在学前期，儿童的心理发展速度存在差异。儿童的发展速度随着年龄的增长而不断下降，即儿童年龄越小，发展的速度越快，这是学前期儿童心理发展的规律。关键期和危机期就是发展不平衡的表现。

关键期指的是在儿童心理发展阶段中心理机能发展的最佳阶段。儿童如果能够在这一阶段得到适宜的发展条件，那么会极大地提高这方面的个体能力。这一时期的发展有着非常重要的作用，在别的发展过程中都不会达到此时的高度。

每一个体都存在其独特性，不同个体接受的家庭教育、获得的遗传物质、经历的社会生活都存在差异，这也是个体发展不平衡的因素。个体在心理发展过程中，心理活动、神经系统、感知觉能力、性格、气质类型以及其他心理特征，都具有不同程度的差别。

在遗传、家庭教育、学校和社会文化等因素的影响下，儿童的心理发展在推进过程中会不断地完善，以达到发展成积极的心理状态，对其发展特点和规律的了解有助于更加深入地探究儿童的内心。

二、儿童心理发展的影响因素

影响儿童心理发展的因素主要有遗传因素、家庭因素、学校因素和社会文化因素四个方面。

（1）遗传因素。遗传是指亲代表达相应性状的基因通过无性或有性繁殖传递给后代，从而使后代获得其父母遗传信息的现象。遗传对儿童心理发展的影响主要包括两方面：一方面，通过遗传对儿童能力以及智力发展产生影响；另一方面，通过气质类型等因素影响儿童的情绪和性格发展。儿童的神经系统开始发育时就通过遗传继承了父母神经系统的特征，而儿童的这一差别从出生就能看出来，有的婴儿性格温顺，安静入睡；而有的婴儿活动不停，啼哭不止。遗传素质决定儿童发展程度的可能性和范围，但随着儿童年龄的增大，遗传因素的影响也不断降低，环境和教育因素相较于遗传有着更明显的影响。因此，不能否定遗传对于儿童心理健康发展的影响，但也不能夸大其影响作用。

（2）家庭因素。主要包括家庭氛围、家庭教养方式和家庭教育三个方面。

家庭氛围是指个体所处家庭之中的家庭气氛，是由家庭中的所有成员在日常相处、生活中通过相互作用、相互影响形成的气氛。家庭氛围在每一个家庭中都是客观存在的，身处这个环境中的儿童不断受到家庭氛围的制约和影响，对于儿童身心快速发展都有着巨大的影响。儿童的心理状态和性格类型的形成基本来源于对家庭中父母以及共同生活的其他成员的模仿。处于良好的家庭氛围中的儿童，他们有着充足的安全感且性格活泼开朗、对待生活积极向上，在与人交往、处理人际关系方面有优势。而在不良的家庭氛围中，例如家庭成员关系紧张，时常产生冲突，甚至出现冷漠、暴力等情况，儿童易产生紧张、焦虑的情绪，没有充足的安全感，对其今后的性格形成会产生深刻的负面影响。因此，儿童心理健康的良好发展与和谐、愉快的家庭氛围是分不开的，构建良好的家庭氛围十分重要。

家庭教养方式是指父母在教育儿童过程中通常采取的方法和形式，是一种具有内在一致性和稳定性的看法、态度和方式。研究表明，父母教养方式对儿童的社会性和个性的发展有着不同程度的影响，良好的教养方式使得儿童在性格、品德及情绪、行为等方面都有良性发展，为他一生的身体健康、心境平缓、生活满意和工作顺利打下坚实可靠的基础；而不良的教养方式会导致儿童心理发展阻塞甚至是负性发展，可能导致儿童产生性格恶劣、与社会隔绝和人格障碍等负面心理问题（王娜，2006）。也有研究发现，溺爱型、放任型、专制型和不一致型高分组的儿童存在情绪行为异常的检出率均高于低分组，随着得分的不断增加，检出率也不断上升；而民主型检出率与之相反，低分组的儿童情绪行为异常检出率会高于高分组，检出率也随着分数增加而降低（黄永玲，李若瑜等，2022）。由此可见，选择适当的家庭教养方式对于儿童的心理健康发展有着巨大影响。

家庭教育包含了两方面，一方面是家庭成员对儿童的直接教育，另一方面是家长通过改善教育环境对儿童产生的间接教育影响。家庭教育这一过程贯穿了人的一生，是提高家庭整体质量、促进家庭成长发展的过程。研究表明，不良的家庭教育是造成幼儿心理问题的重要原因。惩罚、拒绝等负面行为会使幼儿对所处环境以及自身安全产生怀疑并引发焦虑和降低幼儿的自我接受程度，更容易对自我产生怀疑，进而阻碍幼儿的心理健康有序发展；而父母对幼儿的包容与接纳可以促进幼儿的自我认同，提高幼儿的自我接纳程度，进而更容易产生积极情绪（曹海丽，姜紫龙，2009）。家庭是孩子的第一所学校，父母是孩子的第一任老师，家庭教育对儿童产生的影响十分深远并贯穿一生。儿童心理的积极健康发展离不开良好的家庭教育。良好的家庭教育不仅可以帮助儿童探索并培养兴趣爱好，还可以帮助儿童了解社会规律，提高儿童道德意识。

（3）学校因素。儿童大部分时间都是在学校度过的，其社交、认知以及情感的形成与学校密不可分。学校不仅仅是教授知识的地方，它还有一个重大任务是在儿童的心理健康成长发育过程中起支撑作用，校园环境和学校风气、教师素质和教学方法、同伴支持、校园欺凌、学习压力、歧视等与儿童青少年心理健康发展高度相关（马帅帅，宋杨肖，孙莹，2022）。有研究发现，高年级、躯体疾病、饮酒、参与性行为、寄宿、居住地为非城市地区及单亲家庭等因素与中学生心理健康问题显著相关（Luo Y, et al., 2020）。

（4）社会文化因素。个体心理健康发展的外部条件就是社会文化环境，儿童心理发展的朝向与其所处的社会环境以及文化环境密切相关。社会文化环境是指在一种社会形态下已经形成的各类观念以及世代相传的风俗习惯、被社会所公认的各种行为规范等。社会文化环境在个体的心理行为发展过程中起着重要作用，遗传决定儿童发展程度的可能性和范围，在良好的社会环境中，儿童心理行为发展可以达到发展范围的上限；而在不良的社会环境中，儿童的心理行为发展却只能发挥到下限。例如，在我国部分农村地区有一种育儿习俗叫作沙袋育儿，就是将出生后10天左右的婴儿放置在盛有细沙土的布袋内，将其代替尿布，沙土每天只更换一次。由于沙土对儿童的禁锢导致其活动困难，故儿童平时只能仰卧在沙袋内，而母亲除了每天按时喂奶外，并不会抱儿童，也不对儿童讲话，甚至有的儿童连喂奶都在沙袋内进行，这种喂养方式长达1年，最长者甚至达4年。有研究发现，沙袋育儿并不具有一定的科学道理，这种育儿方式极大地限制了儿童的活动以及一些运动能力的发展；对其生长发育也会带来不同程度的影响；更有甚者会对儿童未来的智力发展带来不利影响（梅建，李莲惠，1998）。

总之，儿童心理发展是一个极其复杂的动态过程，它受到遗传、社会因素、家庭因素、学校因素和个体因素等多方面的影响。

三、儿童期常见的异常心理与行为

儿童期常见的异常心理与行为主要有以下几种。

（1）儿童焦虑症。焦虑症是指一组以恐惧与不安为主的情绪体验。儿童焦虑症常见的有分离焦虑、社交焦虑和恐怖性焦虑三种类型。儿童焦虑症状在性别和年龄方面有着明显的交互作用，其中女性焦虑症状相较于男性更加明显，尤其是处于青春期的女性；不同性别儿童的焦虑症状随着年龄的不断增长呈现出相反的变化趋势，其中男性的焦虑症状随着年龄增长而降低，但女性的焦虑症状却随着年龄增长而逐渐增多（丁玉等，2014）。

（2）学习障碍。它是学龄期儿童较常见的问题之一。具有这类障碍的儿童并不存在生理意义上的智力低下，但又在与学习有关的心理过程中存在持续进行下去的障碍。这类儿童并不存在生理缺陷，在感觉事物以及肢体协调方面的能力都属正常，学习存在困难也不是由于缺少教育支持造成的（静进，2006）。

（3）注意缺陷 / 多动障碍。又称多动症，是一种常见的儿童心理行为疾病。其主要特征是难以集中注意力以及只能持续较短时间的注意，多动和冲动。该类障碍儿童常常也会存在学习方面的困难。有研究发现，在儿童多动症筛查中，7—9 岁儿童患病率较高；从性别层面来说男童的患病率显著更高；注意缺陷 / 多动障碍儿童主要表现为学习困难、品行障碍和冲动等（周克英，高美好，杨春何，2012）。

（4）儿童抑郁症。儿童抑郁症是指发生在儿童时期持续的心境不愉快，以抑郁情绪为主要特征。儿童的抑郁症状相较于成年人会更加隐蔽，且抑郁状态不是突然出现的，而是会经历一个缓慢的增长过程，由此儿童抑郁症的获得风险会比成年人更高。当抑郁状态逐渐加深后甚至会出现自伤以及自杀行为，需要及时干预。有研究表明，男性儿童抑郁症状的流行率高于女生；在地区方面，城市中的儿童抑郁症状流行率低于乡镇儿童；且发现高中时期的抑郁症状流行率较高，应及时筛查并采取相关干预措施（李玖玲等，2016）。

（5）抽动症。主要是指局限于身体某一部位的一组肌肉或两组肌肉出现抽动，表现为眨眼、挤眉、皱额、咂嘴、伸脖、摇头、咬唇或模仿怪异相等，并可伴发其他行为障碍。常见于十岁以内的儿童，男孩多于女孩。在日常生活中,这类儿童存在注意力难以集中的问题，且常伴随着强迫行为，严重时可能会出现情绪高涨、难以控制或沉默不语、学习困难等情况（张燕，邱秀娟，2015）。

儿童的异常心理通常也会导致异常行为的出现，以下介绍五种常见的异常行为。

（1）吮吮手指。随着年龄增长，儿童会将注意力从自身刺激转移到对外界环境的兴趣上，吮吸手指的行为会自行消退。然而若儿童成长过程中存在与人接触、玩耍过少或饥饿时未及时哺乳等问题，可能会导致吮吸手指的不良行为难以消退。故在儿童成长过程中应有足够的刺激诱发其对外界环境的兴趣，将其对自身刺激的注意力逐渐转向周围世界。例如在小孩出生后经常和婴儿讲话，或常带儿童到户外去认识新朋友，建立其社交圈。

（2）咬指甲。咬指甲是儿童期常见的一种不良习惯。这是一种精神性习惯，与儿童口欲期是否得到满足，其心理状态是否正常，体内微量元素是否充足等密切相关。1—3岁儿童咬指甲可能是探索世界的过程，但10岁的儿童还出现咬指甲行为可能是由于其感受到了来自他人对个体本身的约束甚至限制，而通过这种行为来进行自我的发泄，且性格多疑、内敛，气质为黏液质和抑郁质的儿童更容易有咬指甲的行为（宁佳青，2017）。

（3）倔强。在幼儿早期出现抗拒或反抗心理属于正常心理。随着儿童身心的不断发展，其思维能力不断完善，自我控制能力不断增强，这种抗拒心理以及行为会不断减少。如果儿童抗拒所有事物，或强烈要求任何事情都按照自己所预想的方面进行，反抗任何合理的请求，偏偏要剑走偏锋，行事不同寻常，则为不正常行为。若在日常生活中过于宠溺儿童，儿童稍有反抗就随意答应儿童的任何要求，无论要求是否合乎情理；或家庭成员脾气火暴，经常不问缘由对儿童随意打骂，冷漠对待儿童，忽视其正当需求，都有可能导致儿童产生强烈的反抗心理，影响儿童心理的健康发展。

（4）依赖行为。不同年龄的儿童都有一定程度的依赖性，尤其在婴幼儿时期，儿童强烈需要来自父母的支持，否则难以存活。但当儿童在其身心发展已较完善时期还表现出过分的依赖行为，与其应有表现不相符合时，则为不正常行为。家庭成员的过分照顾是造成儿童依赖性的最主要原因，但若是缺乏来自家庭成员足够的照顾以及支持或儿童接收到家庭成员的过度要求，使儿童屡受挫折，不能成功建立自主意识，也可能形成儿童的过度依赖。例如，在儿童亲子关系与手机依赖的研究中发现，亲子关系能直接影响手机依赖，手机依赖总分与父子亲密呈显著负相关（彭美佳，2020）。

（5）退缩行为。儿童身处于陌生的环境时有短暂的退缩行为属于正常情况，但如果过分怕生，拒绝前往公共场所或跟随父母外出社交则属于异常心理行为。这类儿童平时表现出孤独退缩、胆小怕事、沉默寡言等。郑淑杰等人（2005）认为，采取高控制策略的母亲直接影响了儿童的矛盾型退缩行为，而儿童的气质特征在这之中具有间接作用；亲子关系直接影响了弱社交退缩行为。

第二节　儿童心理咨询与治疗

与以成人为对象的心理咨询与治疗相比，儿童由于其特定的身心发展特点体现出了一定的独特性。儿童正处在迅速发展、变化的状态，尚未形成完整、成熟的自我意识，认知能力有限，因此儿童心理咨询与治疗常表现为以下几个方面的特征：儿童失调的诊断多依赖于年龄和发展因素，因此需要对不同年龄、不同发展水平的特定行为或症状的变化过程有明确的了解，以便在此基础上决定是否给予治疗；儿童比成人处理压力事件的能力更弱，而且，他们对成人的依赖性更强，使他们在拒绝、失败面前更易受到伤害；大多数儿童不会自己主动要求治疗，通常由成人带至心理咨询室；儿童问题较为广泛，其问题的根源也较为复杂，加之儿童遇到问题时不善于或无力寻求外部帮助。此外，由于儿童的不同年龄和发展的水平的特殊性，运用语言交流的能力尚为有限，他们不能充分而准确地表述自我内心深处的感受，因此，以游戏为媒介及行为治疗的手段为首选方法。本节内容着重描述儿童心理咨询与治疗的简要历史、相关理论流派和常用的咨询技术。

一、儿童心理咨询与治疗的历史

相对成人心理咨询与治疗的发展史来说，儿童心理咨询与治疗的历史比较短暂，除了关于对智力发育迟滞儿童的诊断外，其他有关儿童心理咨询和治疗的文献只能追溯到20世纪初。儿童心理咨询与治疗的发展与以下几项事件密切相关（侯志谨，1996）。

1. 智力发育迟滞儿童的治疗

最早对儿童的治疗主要是针对智力发育迟滞儿童。1797 年，杰·伊塔德（Jean Itard）曾对该类儿童进行过系统而有计划的治疗。进入 19 世纪中期，艾德·伍德（Edward Seguin）在前人研究的基础上，进一步探讨了智力发育迟滞儿童的病因、性质以及相关治疗方法，并且专门为智力落后的儿童建立了一批寄宿制学校。最早的寄宿学校于 1848 年在美国马萨诸塞州成立，随后第二所寄宿学校于 1851 年在纽约成立。这些学校并非用于监管这些儿童，而是帮助儿童去更好地适应社会从而使儿童能够回归家庭。然而结果并没有那么顺利，仅有小部分孩子能够通过教育返回家庭及社会。到了 19 世纪末，这些寄宿制学校变成了一种收容治疗机构。

2. 心理卫生运动

"心理卫生"一词最早出现于古希腊时期。但直到 20 世纪初才由 Clifford Beers 明确提出心理卫生的概念，并开始了现代心理卫生运动。1908 年，Beers 根据自己的亲身经历撰写了一本名叫《一颗失而复得的心》（*A Mind That Found Itself*）的著作，深刻揭露了当时精神病医院的残酷及精神病人的苦难，并强烈呼吁政府改善精神病患者的待遇。该书发表后，立即造成了社会的极大震动。1908 年 8 月，Beers 接着又发起号召，组建了世界上第一个心理卫生组织——康涅狄格州心理卫生协会。该协会以维护心理健康、防止精神疾患、改善精神病人的待遇、普及精神病知识为宗旨，此活动也立即普及全美。在 Beers 的带领下，第一届国际心理卫生大会于 1930 年在美国胜利召开，并引起了广泛的国际关注，这也为儿童指导运动的开展奠定了基石。

3. 儿童指导运动

1894 年，魏特墨（Lighter Witmer）在宾夕法尼亚大学成立了心理诊所，对有心理问题的儿童用心理教育的方法加以指导。1909 年，海利（William Healy）在芝加哥大学成立了第一个青少年精神病研究所（Juvenile Psychopathic Institute）（现称青少年研究所），其工作对象主要是少年犯。在这个机构中，精神病学家、心理学家、社会学工作者携手研究，他们强调多种因素对儿童行为失调的影响。差不多同时，在波士顿，道格拉斯（Douglas Thom's）的习惯诊所，提出了通过改变儿童的环境以及成人与儿童的相互作用方式来治疗儿童行为失调。在此之后，儿童指导诊所遍及美国各地，到1930年，全美约有500个儿童指导诊所。儿童指导运动大大推动了儿童心理咨询和治疗的发展。

4. 心理动力学的影响

心理动力学又称为精神动力学或精神分析学。心理动力学思想主要源于西格蒙德·弗洛伊德（Sigmund Freud），该学说强调早期经验与成人行为失调的关系。1909年，弗洛伊德《小汉斯》一书的发表，引起了人们对儿童心理健康的重视。弗洛伊德并没有直接给小汉斯治疗，而是通过指导其父亲完成治疗。他在对小汉斯的症状进行诊断和治疗的基础上，形成了关于恐惧的病因学理论。之后，其他学者并没有进行后续的研究。真正将心理分析的治疗方法用于儿童的是新弗洛伊德主义的代表人物克莱因（Melanie Klein）和他的女儿安娜·弗洛伊德。她们以游戏活动替代自由联想技术，通过儿童的绘画和梦来了解儿童的心理问题，挖掘其无意识的内容。克莱因和安娜·弗洛伊德把精神分析用于儿童治疗的革新，使得精神分析游戏变得非常普遍，并对许多后来的儿童心理治疗形式的发展产生了重要影响。

5. 行为治疗技术

行为主义代表人物华生（John B. Watson）最早把该技术用于儿童行为失调的治疗。

华生认为儿童恐惧、突然发怒、社会功能失调等均是不恰当的奖惩的产物，只有改变环境，才能改变儿童的行为和人格，从而使儿童形成新习惯。与弗洛伊德的理论不同，华生的行为主义理论可以直接用于对儿童行为失调的治疗。

行为治疗技术由于比较容易操作，实践性强，因此在儿童治疗中也得到了很好的反响，进一步促进了儿童心理咨询与治疗的发展进程。

回顾以上重大历史事件，我们可以明白儿童心理咨询和治疗工作的开展不是仅仅依靠几个人的努力，而是大家共同努力的结果，也是顺应时代发展的产物。随着人们观念的转变以及对儿童心理问题重视程度的提高，相关研究也会更加深入。当然，儿童心理治疗的历史发展不仅局限于以上重大历史事件，其也与儿童的社会地位和儿童研究相关，例如，比纳－西蒙智力测验以及后来皮亚杰的儿童心理发展阶段理论、埃里克森的心理社会发展理论、洛伦兹和哈洛有关依恋的动物模型，都对儿童心理咨询与治疗产生了重要影响。

二、儿童心理咨询与治疗的主要理论流派概述

关于儿童心理咨询与治疗的流派主要有以下几个：

1. 精神分析学派

精神分析学派主要以西格蒙德·弗洛伊德（Sigmund Freud）为代表。人格发展理论是其重要的支撑，弗洛伊德认为人格有三个层次，分别是本我、自我和超我。本我是人与生俱来的心理过程，其遵循"快乐原则"，会想方设法满足儿童的需要，消除或降低儿童的紧张感以得到快乐；超我是将社会价值和社会道德内化的心理过程，其遵循"至善原则"，会竭力约束本我的盲目冲动；自我介于两者之间，其遵循"现实原则"，会把本我、超我的要求结合现实的情境，调节两者关系。一个人的精神状态就是人格中的三者相互作用、相互冲突的结果。当自我能平衡好三者的关系时，儿童便处于一个正常的状态，反之则会引起种种防御机制，如果儿童不能适应则会产生神经官能症或精神病。弗洛伊德的性心理发展理论认为，儿童在不同阶段集中活动的能力将心理与行动的发展分为 5 个渐次阶段，从低级向高级发展，分别为口唇期、肛门期、性器期、潜伏期和生殖期。儿童在特定时期比如口唇期，主要抚养者应该满足儿童对于口唇的快感。弗洛伊德强调性本能对人的行为的影响，对禁欲主义作出了反驳，提出了潜意识

的概念，认为现实社会的道德、风俗和法律法规等经常与潜意识相对立，是引起心理矛盾及病变的缘由。精神分析学派的治疗方法主要是成功地将压制于儿童潜意识的冲突诱导出来以排除心理障碍（傅宏，2007；张书义，1997）。

2. 行为主义学派

行为主义学派的代表人物华生提倡心理学要研究人类行为。行为主义突出了环境对人的影响，主张人的一切行为都要受制于环境，并对环境刺激产生响应。华生依据巴甫洛夫的经典性条件反射原理，对儿童实施了模拟恐怖实验。儿童起初喜欢与动物接触，但是华生在儿童触摸小白兔时给予敲击锣以发出巨响，多次重复后，导致儿童只要看见小白兔就产生恐惧，哭闹不止。因此华生认为人的任何行为都是后天习得的结果，习得的行为都可以通过学习而消除，这为儿童心理咨询与治疗的行为矫正奠定了基础。新行为主义代表人物斯金纳（Burrhus Frederic Skinner）于1930年修正了华生的极端观点，在他看来，人类行为主要通过操作性条件反射而产生，许多精神症状的产生都是诱发焦虑的特殊环境条件与特殊行为反应的综合产物。20世纪60年代，根据巴甫洛夫经典性条件反射及斯金纳操作性条件反射原理，出现了行为疗法，并运用到儿童心理治疗中。它把个体之所以出现异常行为，归因于以往生活经验、条件反射、习得并固定下来的不良或反常行为习惯。因此，我们可以利用条件反射理论，在治疗过程中进行正强化或负强化，创设出一些特殊刺激情境以及治疗过程来帮助儿童消除和矫正异常行为（陆静萍，2006；吕静，1992）。

3. 人本主义学派

人本主义学派强调人的价值和尊严，把对人性的尊重作为研究核心。人本主义学派以卡尔·罗杰斯（Carl Ranson. Rogers）和亚伯拉罕·马斯洛（Abraham H. Maslow）为主要代表。罗杰斯也被称为"人本主义心理学之父"，他认为要去理解人的行为，就必须结合行为者所感知的世界，要从行为者的角度看待事物，强调行为者与其主观经验的重要性。因此提出了自我论又称"人本论"。罗杰斯主张在心理咨询与治疗的过程中真正起主导地位的是来访者本身，并主张在治疗过程中治疗者必须与来访者建立良好的人际关系，必须以绝对真诚的态度对待来访者。人本主义学派强调尊重人的价值，从人的自我实现和个人意义角度出发，为儿童心理咨询与治疗的发展提供了良好的理论支撑。马斯洛的需求层次理论最具代表性。根据马斯洛的观点，人类都隐藏着 5 种不同水平的需求，并且这些需求在不同时期表现出的迫切性也不相同，人类进行行为的动机也是基于最紧迫的需求。低层次的需求满足了之后，才能产生较高层次的需求，而不同人在一生中实现的需求水平也不相同，有的一生只是为了满足温饱需求。自我实现属于最高等级的需求，仅有一小部分人能够达到。当人达到自我实现时，会感受到无比的幸福，体会到人生的价值；当自我实现未完成时，会在心里产生一些异常。所以儿童在出现心理异常时，考虑其是否存在安全需求、社交需求、尊重需求等尚未满足（林孟平，2022）。

4. 认知心理学派

认知心理学派始于 20 世纪 50 年代中期，60 年代后迅速发展。它与行为主义心理学相反，所研究的是人类的内部机制和认知过程，强调人类行为由人类认知支配，引导患者改变原有认知结构，建立新的认知结构是心理咨询与治疗的关键所在。例如，儿童所产生的一些情绪障碍其实是由本身的认知所造成的。所以要改变不良的认知，用合理的信念替代不合理的信念。

三、儿童心理咨询与治疗的常用技术

儿童心理治疗与成人有很大区别，儿童的许多问题属于发展问题，也有些问题是家庭问题的反映，在对儿童进行咨询和治疗时，诊断是非常重要的。目前用于儿童咨询和治疗的方法多是从对成人的治疗中派生出来的，因而具有一定的局限性。下面主要着重介绍行为治疗、游戏治疗、家庭治疗三种治疗方法的操作技巧。

（一）行为治疗

1. 放松训练

放松训练就是利用循序交替收缩或者放松骨骼肌群来调整自主神经系统兴奋程度的一种咨询技术。放松训练可以缓解患儿的焦虑、强迫、恐惧等心理问题，对于稳定儿童的情绪有一定的作用。

2. 行为契约

行为契约是指在咨询师与来访儿童之间建立正式的契约关系，从而直接帮助儿童改变不良行为。使用行为契约要注意明确儿童的靶行为，确定契约执行的时限，对儿童的奖励应时常发生变化，奖励的量要少，以保持他们的兴趣。如若未按规定契约执行，采取一定的惩罚。

3. 系统脱敏

系统脱敏的基本特性就是将交互抑制按等级排序，从弱到强依次循序渐进地实施，直至患者消除不良情绪，抑制不良行为反应。例如，对神经性厌食症患者使用系统脱敏治疗能够帮助患者克服对体重增加的恐惧，当患者体重增加时给予正强化。

4. 模仿学习

模仿学习是一种效仿榜样的行为方式进行学习的技术。班杜拉的社会性学习发现儿童有通过观察他人的行为方式进行学习的能力，榜样在模仿学习中作用很大。研究发现，榜样与模仿者年龄、性别、性格特征等越相仿，被模仿的可能性越大。这里的榜样可以是同伴，也可以是教师或家长，因此儿童的重要他人对其影响至深，通过改变儿童的重要他人的行为举止，为儿童树立好榜样，让儿童通过模仿改变自身不良的行为习惯。

5. 自信训练

自信训练鼓励儿童自由表达自我愿望并给予积极强化，其主要作用在于促进幼儿对自卑感进行调节，还可以用来纠正幼儿退缩行为或者依赖行为。

6. 代币制

"代币制"是矫正攻击性行为的常用方法。实施代币制前，首先要选择目标行为、逆向强化物（用代币可换取的强化物）及代币形式；其次与儿童协商制订代币交换系统，告诉儿童何种行为可获得一个或数个代币；再次代币在期望行为出现后立即给予，并告诉儿童赚取多少个代币可换得相应的逆向强化物；最后商定交换的时间、地点。对有攻击行为或反社会行为的儿童，也可用惩罚的方式进行矫正。包括罚代币及隔离技术。罚代币是指儿童出现不良行为时收回一个或数个代币；隔离技术（time out），指对有不良行为的儿童实行短暂（5—10 分钟）的隔离。这种短暂的隔离有助于减少儿童的不良行为。在儿童心理咨询与治疗中，通常需要把惩罚与正强化相结合，因为惩罚能减少特定行为的发生，但不能使儿童发展新的可接受的行为（侯志谨，1996）。

7. 角色扮演

角色扮演是指儿童站在所扮演角色的地位及所处情境思考，表现出一系列期待的行为。这可以让儿童设身处地地感受所处情境，按他人角色处事。角色扮演技术灵活生动，能够激发出儿童的想象力，最好让儿童尽可能多地扮演不同的角色，角色游戏结束让儿童畅所欲言。角色扮演还有一些其他形式，如照镜子技术，让儿童观看别人扮演自己，用旁观者的角度去思考自己的行为举止。

（二）游戏治疗

游戏是儿童生活的一部分。儿童通过游戏活动在现实和空想的世界中往来，体验到各种新鲜的感受，学习各种新知识以构建自我身心发展的"里程碑"。它是一种利用非语言媒介来实现儿童心理健康教育的治疗技术（徐光兴，2007）。

由于儿童心理咨询与治疗群体的年龄特征，以及游戏本身的乐趣，游戏往往更容易走进儿童的内心世界，所以不管是个体咨询、团体咨询还是家庭咨询，游戏治疗都很受咨询师的青睐。咨询师必须要学会用游戏拉近与儿童之间的关系，让儿童表达出自己最真实的想法。游戏通过一种安全有趣的形式，让孩子去尝试各种不同的动作或者行为，去发现哪些是有用的，哪些是无用的。通过完成自己制定的各项目标，孩子们能够获得成就感并支配他们的行为（王晓萍，2010）。社会化游戏增进了幼儿对别人行为及内心感受的认识和理解，有助于幼儿了解并欣赏别人的独特见解。充满想象的游戏，也能帮助孩子达到自我驾驭的目的。此外，将恐惧、敌对情绪与幻想内容表现于虚拟游戏之中，将想象与现实区别开来，可以让儿童获得情绪调节的能力。常见的游戏治疗技术有以下几种：

1. 亲子游戏治疗

亲子游戏治疗（filial therapy）也称亲子关系促进治疗，它是以父母为辅助对象的辅导活动。在辅导过程中训练父母学习"个人中心治疗取向原则"，借此增强家庭成员之间的良好互动以鼓励他们多了解自己和他们的孩子。父母在治疗师的督导下，和孩子进行亲子游戏，使父母成为改变孩子的最重要的辅助力量（蔡丹，沈勇强，2019）。

2. 沙盘游戏治疗

沙盘游戏治疗是指来访者在咨询师的陪伴下，从玩具架上自由挑选玩具，在装有细沙的沙盘里进行自我表达的一种心理治疗方法。该方法旨在通过适宜的治疗关系，最大限度地发挥来访者的自我治愈力。

3. 想象互动游戏治疗

想象互动游戏治疗是基于现象心理学的一种游戏治疗方法。治疗中，孩子通过想象游戏而非语言来表达他们的经验。通过想象游戏这一媒介，孩子有机会以转化的方式沟通，也能透露隐秘性的事情。当在游戏世界沟通时，孩子能较容易也较安全地表达焦虑、生气及其他负面情绪。游戏世界也使儿童有可能试验一些新的想法和其他解决方法，而不会伤害到任何人。想象游戏治疗中，治疗师可以利用沙盘、军队模型等道具，创造游戏的环境，然后让儿童进入游戏之中。此时，治疗师并不是一个旁观者，他也需要融入游戏之中，参与儿童的游戏并且通过言语沟通影响儿童，让儿童在游戏中表达出更加真实、深刻的经验。治疗中常见的治疗技巧有：口语化、刺激化、设定限制、相对游戏。

4. 团体游戏治疗

团体游戏治疗是指通过团体游戏的手段达到心理治疗的目的。团体游戏治疗中注重团体成员的人际互动、团体的力量、团体成员间经验的交流分享，以及团体成员内心体验和经验的升华。它是一种体验式的治疗手段，通常由1—2名领导者主持，根据成员问题的相似性组成团体，团体成员在领导者的引导下进行各种有针对性的游戏活动，通过游戏活动过程中的体验获得自我成长，从而解决团体成员共有的发展课题或心理困扰。

（三）家庭治疗

1. 系统家庭治疗

家庭治疗强调系统观，孩子作为家庭的一员，属于整个"系统"。任何儿童的任何症状，都不仅仅是儿童自己的问题，儿童的言行不断地影响周围的人，同时也受家庭其他成员的影响。因此，在对儿童进行心理治疗时，除了要了解儿童本人的症状外，还应了解儿童的行为、情绪问题发生的整个背景环境，以及这些环境与儿童间的相互作用，治疗应针对整个家庭所有成员进行，即在矫正儿童问题的同时，必须改变整个系统。

2. 家庭行为治疗

该治疗方法基于行为主义理论，也是家庭治疗中必不可少的一项治疗技术，包括正强化、负强化、惩罚等。在家庭治疗中，可通过转变家长对待孩子的方式来转变孩子的表现，比如家长管理训练等，重视家庭内部的归因、态度、预期、情感等。

此外，心理剧也是儿童咨询与治疗中常见的一项技术。心理剧是把儿童的心理问题通过戏剧化的形式表现出来，使儿童重新经历情感体验；同时，通过演剧创设新的情境，做出一些富有新意的行为，感受心理变化过程。

第二部分 实战篇

我比星星更闪耀
——一例学习障碍儿童的心理成长个案分析

中 文 名：地球上的星星

英 文 名：Taare Zameen Par

类　　型：剧情、儿童

上映时间：2007

片　　长：165 分钟

剧情回眸

《地球上的星星》这部影片描述了一名 8 岁患有学习障碍的儿童伊夏和他所读寄宿学校美术老师尼克的故事。在尼克老师独特的教育方式的帮助下，他开始能够一点点学习知识，取得进步。最终，伊夏不仅找到了自己的所爱和价值，重拾自信，也收获了老师、家人和同学的理解和认同。

在课堂上，伊夏被老师点名起来回答问题，老师让他把书中的句子念出来，伊夏纠结许久之后说他们在跳舞，班上的同学哄堂大笑。老师让他用英文念出来，他的回答是"文字在跳舞"。面对无法正确回答老师问题的伊夏，老师大怒之下将他赶出了教室，在其他同学眼中，他们也习以为常，因为被赶出教室这种情况对伊夏来说是再正常不过的事了。

有一天，伊夏找哥哥伪造请假条被发现了，老师和家长都觉得他闯了大祸。伊夏父母在与校方了解了伊夏在学校的表现情况后，最终决定将他送往寄宿学校。伊夏来到寄宿学校后的生活一直没有什么新的变化，和在之前的学校一样，他还是不能正确回答老师的问题。在老师们一遍遍的责骂、暴力的惩罚、同学们的嘲笑中，伊夏愈发痛苦和抓狂，他变得越来越沉默了。

尼克老师来寄宿学校任教后，很快就注意到了这个与周围世界格格不入的孩子。他向伊夏的好友罗杰了解了伊夏的情况，在翻看了伊夏的作业本、考试卷之后，他感到十分痛心，他仿佛在伊夏身上看到了曾经的自己，他懂伊夏。之后，尼克老师去伊夏家做了家访，向父母说明了伊夏的情况。在这次家访中他发现了伊夏惊人的绘画天赋。回学校后，尼克老师向学校申请用特殊儿童教育的方式来教伊夏学习字母、数字和读书，陪伴伊夏画画、游戏。

在尼克老师的陪伴和独特的教育方式下，伊夏一点点学习知识，他可以开始读出句子，也能进行正确的拼写，伊夏逐渐变得开朗和自信了。尼克老师还向学校申请举办一场绘画比赛，他想为这个孩子争取一次展示的机会。比赛信息张贴在宣传栏上，这时候的伊夏已经可以看懂那些"跳舞的文字"了。

在绘画比赛进行的当天，就在大家都还沉睡的时候，伊夏早早地洗漱收拾好出门了。绘画比赛现场来了很多老师和同学，他们都在期待伊夏可以出现在比赛现场，参加比赛。比赛开始了，尼克老师非常紧张，他担心伊夏没有参加这次比赛。不过最后，伊夏还是出现在了比赛场上，他沉浸在自己的绘画世界中。

伊夏在绘画比赛中得了冠军，他获得了全校师生的认可。在热烈的掌声中，伊夏深深地拥抱了他的尼克老师。在尼克老师的用心帮助下，伊夏终于重新变回那个天真活泼快乐的男孩，他还是一样地热爱绘画，热爱这个美丽的世界。不一样的是，他能够勇敢地去面对这个世界了。

案例点评

《地球上的星星》是一部儿童电影，讲述了一个 8 岁男孩和他所读寄宿学校美术老师的故事。虽然电影反映的是当时印度儿童的教育问题，但每看一次，总能引起我们的不同思考：我们是否真的走进了孩子的内心世界？我们关注了孩子心理层面上的需求吗？我们又该如何正确地理解和爱孩子？

一、我也可以很聪明：走进学习障碍儿童的世界

1977 年美国公共法案认定，患有学习障碍的儿童可能会表现出听、说、阅读、书写、数学计算能力等方面的不完善。在我国，习惯性将学习障碍称为学习困难，学者王璇认为学习困难指的是那些智力水平正常，但在听说读写算能力的习得和运用上，以及自身的心理方面存在显著困难的学生。在对学习障碍的分类上，学习障碍又被划分为发展性学习障碍和学业性学习障碍两种。影片中的主人公伊夏表现出来的诸如听、说、读、写、数学运算上的一些困难更多地就是体现在学业性学习障碍上。

在诵读上，伊夏每次被老师点名起来诵读书中的句子时，他看起来非常痛苦。我们能够感觉到，虽然他已经很努力地想要去看懂这些句子了，但还是无法顺利地识别和理解句子中的含义。在书写上，尼克老师看出了他存在着一定的书写模式，这也是很多患有学习障碍的儿童都会有的一个共同点。他们写出的字颠三倒四，就像一堆奇怪的符号，这些字母在他们的眼中就是如此散乱无章的。伊夏的计算能力同样让人担忧，他在计算卷子中的 3×9 的答案时，更是在脑海中想象出了一场激烈的斗争，在这场"战斗"中，3 成功地战胜了 9，他因此得出的结果就是 3。这一切看着似乎

很不可思议，却真真切切地发生在我们身边。

伊夏被老师赶出教室后，逃课一个人独自走在路上，他的脸上带着天真灿烂的笑容，他对外面的世界充满着好奇，我们能够看到他在认真地观察这个世界。他模仿着路上的行人，在海边看天上的飞鸟，在街上自由自在地奔跑……就在这些场景的切换中，有一阵歌声缓慢地唱道："我心无旁骛，就如再次升起的入幕夕阳，我在这世上第一次展示，将会震惊每一个人，睁开眼睛看着我如何奔跑，如何奔跑到另一边，然后我像鸟儿一样滑行，我只想像鸟一样，上千只翅膀在飞翔，去探索广阔的天空……"这似乎是对此刻的伊夏心理活动的最好解读。这段歌词唱出的不仅是伊夏的心声，更是他对这个世界的期待和喜爱，伊夏眼中的一切美丽的景色，就是他绘画素材的最好来源。

伊夏每次遭遇责备时，他根本不知道该如何表达自己的委屈和痛苦，他有试着反抗和否认，但父母和老师并不相信，他们只相信自己看到的。伊夏心中充满了不解和迷茫，于是，他在老师的责骂、同学的嘲笑、家长的不理解中逐渐封闭了自己。

我们可以试想一下，当我们在现实中也面对着这样一个"伊夏"时，我们对待"伊夏"的看法和态度，会和电影中的家长和老师有所不同吗？我们会像他们一样相信所见即是真相，一味地责备他不努力、贪玩、每天都在调皮捣蛋，还是能够在面对孩子的否认时，选择耐心倾听他、相信他，然后静下心来想一想：他为什么会如此？

我们应该给予孩子关心和理解，而不是一味地批评和指责。当我们在认真思考问题的根本原因时，就意味着我们已经勇敢地迈出了走向孩子内心的第一步。

二、两颗心的距离并不遥远：给予足够的爱和理解

马斯洛的需要层次理论将人的需要从低到高依次分为生理需要、安全需要、爱和归属的需要、尊重的需要以及自我实现的需要。电影中的主人

公伊夏是一个安全需要、爱和归属的需要、尊重的需要都没有得到满足的孩子。

安全需要是人们产生想要保护自己避免遭受身体、心理、情感等方面伤害的需要。伊夏在回答不出问题的时候，会被老师打手掌、在教室外罚站，这时候的伊夏处在一个相对危险的环境中，他没有很好地感受到大人给予的安全感。

感受到爱和归属的孩子是幸福的。来自周围人的关怀和爱护使他们对爱的需要得到满足，被家人、朋友、老师和同学接纳会使他们有强烈的归属感。在被送去寄宿学校之前，伊夏在家中还是可以感受到来自爸爸妈妈和哥哥的爱的，虽然他会调皮捣蛋，但这时候的他还是幸福的。当父母决定将伊夏送往寄宿学校后，影片中展示了一个刻画伊夏梦境的镜头，他梦见自己与母亲乘车，但被人流冲散在后面。这时火车开了，而伊夏只能不停地追赶在车上的母亲。通过这个镜头，我们能够感受到，在伊夏心中，他觉得自己被妈妈丢弃了，伊夏失去了他的归属感。在学校也是如此，没有人需要他，没有人关心他，他好像不属于这里，他也找不到自己的位置，所以他只能继续活在自己的世界中。

尊重的需要又可以体现为内部尊重和外部尊重。内部尊重即自尊，人会希望自己在各种不同情境中能独立自主，能胜任，有信心；外部尊重则是一个人希望有地位、有威信，能够得到来自他人的尊重和欣赏。很明显，伊夏的这些需要是没有得到满足的。老师和同学没有尊重他，他面对的更多是辱骂和嘲笑，难以获得他人的理解和认可。

身体上的伤害可以治愈，但心理上的创伤又该如何治愈呢？最好的治愈办法或许就是不去伤害它。

"我从来没有告诉你，我是多么的畏惧黑暗，我从来没有告诉你，我是多么的关心你，但你是知道的，妈妈，你是知道的，对吗？你对一切了如指掌，我的妈妈……别把我孤独地丢在人群中……"影片中的这首歌唱出的，就是伊夏被送往寄宿学校后的心声。他是如此的孤独，又是如此的渴望妈妈的爱和陪伴，但遗憾的是，没有人能够理解他内心深处的痛苦和需要。

其实心与心之间的距离并不遥远，如果我们能够仔细、留心观察和发现孩子的内在需要，多去理解和接纳，帮助孩子实现他的需要，让孩子感受到爱和归属，让孩子感受到自己的存在感和价值感，我们或许就能听到，那颗一直在跳动的心。批评和指责，只会把孩子推得离我们越来越远，要想拉近心与心之间的距离，需要的是充足的爱和理解。

三、如何自信地面对这个世界：赞美和肯定的力量

埃里克森的心理社会发展理论将7—11岁定为获得勤奋感而克服自卑感的阶段。影片中的伊夏8岁，正是处在这个阶段。在这个阶段的孩子，需要与同伴进行交流，需要被同伴接受，勤奋学习，从而获得一种自己是有能力、有价值的感觉。如果这个阶段的孩子能够顺利完成课程的学习，他们就会获得勤奋感，就能使他们在今后的工作和学习生活中充满信心，反之，他们就会感到自卑。

不过，伊夏的课程学习从来都没能很好地完成，因为自身存在的障碍已经使他在学习和生活上屡屡受挫，感到自卑。在这个时候，如果家长、老师、同伴给予的是嘲笑、批评等负面情绪，很可能会让孩子陷入更自卑、低落的负面情绪当中。反之，如果他们感受到的是在勤奋学习后来自他人的赞美和肯定，他们就会感觉到被看见和关注，从而不断获得自信心。

赞美、肯定和关注，对于这一阶段的孩子来说是非常重要的。

心理学研究表明，自我效能感强的孩子会更有韧性，他们很少感到焦虑和抑郁，在生活上也会更健康，学习上也会更优秀。自我效能感强的孩子，他们更相信自己可以利用自身已有的技能去很好地完成某项工作，通俗而言，就是孩子会更相信"我可以""我能做到""我能完成"，体现的是由内而外的自信。

自我效能感低的孩子，会觉得自己没有能力完成任何事，总是处于一

种"我不可以""我做不到"的状态当中。影片中的伊夏就是这样一个自我效能感很低的孩子。因为他没有得到过认可，直到尼克老师的出现，才改变了他对自己的看法，使他变得自信起来。

为什么伊夏会觉得自己不能做好任何事呢？从影片中我们能够看到，对于老师和父母所要求的，他总是搞砸；与身边同龄孩子相比，别的孩子可以轻松完成的，他却做不到。因此，当伊夏的自信被完全摧毁后，他就只能通过逆反来掩盖。伊夏真的是他们口中的那个叛逆儿童吗？在了解事情真相的我们看来，他不是，这只是不了解孩子的家长和老师们的说法。一个总是遭受打击的孩子，如何能拥有天真无邪的笑容呢？

感谢尼克老师的出现，让伊夏重拾自信去面对这个世界。尼克老师用行动证明，伊夏是个聪明的孩子，他同样可以像别的孩子那样正常学习，并通过自己的努力提升自身的学习成绩。尼克老师为伊夏寻找了他可以成功的证据，举例那些同样患有学习障碍的名人的故事，并用自己的耐心、陪伴、赞美和肯定帮助伊夏，用心呵护这个躲在角落里的孩子。在伊夏取得进步时，尼克老师会鼓励他，最后在绘画比赛中取得的好成绩更是让伊夏相信，自己也可以有所成就。

电影中尼克老师与伊夏父亲说过这样一段话："在所罗门群岛，原住民要砍伐树木的时候，他们不会直接把树砍倒，他们只会聚集在树木周围，大声咒骂，咒骂那棵树。过了几天，那棵树就会枯死，它会孤独地死掉。"这棵被砍伐的树木就是伊夏，伐树人就是老师和家长们。通过这段话，我们可以感受到，语言的暴力远比身体上的暴力更让人绝望，因为它会直击我们的内心，从根部将一个人击垮。

赞美要发自内心，引导需要耐心，沟通需要用心，关爱需要真心。这个世界充满了太多的机遇和挑战，只有充满勇气与自信的人，才能勇于尝试，敢于挑战。我们想要看见的，是一个充满自信和勇敢的孩子，我们同样希望，他们可以在这多彩世界中找到属于自己的舞台。孩子们都是独一无二的，总有一天他们会走出自己的路，而赞美、肯定和关注，才能真正使他们克服自卑，以一个自信的心态去面对这个未知的世界。

四、我比星星更闪耀

仔细观看这部影片，我们可以注意到，在影片的前期和后期有一个明显的对比镜头，前期的主人公伊夏总是没有办法将衣服穿好，将领带系好，这些都需要在妈妈的帮助下完成。可是在影片的后期，伊夏准备参加绘画比赛的那天，他早早地起了床，洗漱完毕，穿好衣服和鞋子，将头发梳理整齐，整个过程非常的流畅，这个是一个让人无比感动的长镜头。

尼克老师用实际行动告诉我们，伊夏并不是一个只会调皮捣蛋的坏孩子，他也不是一个什么都学不会的笨孩子。他可以自己穿好衣服系好鞋带，他是一个绘画天才，他也是一个可以通过努力取得好成绩的聪明的孩子。只不过他需要一点时间，需要比其他正常孩子付出更多的时间，并采取适合他的教育方式，用耐心和爱心去帮助他。

从不解迷茫，到自我沉沦和放弃，再到重拾生活中的光亮和自信，伊夏这一路走来并不容易。我们可以说他是不幸的，但又是极其幸运的，因为他遇到了一个真正理解他的好老师，他也有真正爱他的父母。虽然伊夏父母一开始并不理解他，但经过尼克老师的解释，他们最终还是理解并接受了自己孩子存在的问题，然后用心陪伴他，所以伊夏是幸运的。

在现实生活中，还有不少像伊夏这样的孩子，他们也渴望拥有像伊夏一样的幸运，而这份幸运，需要家长、老师和社会各界人士去给予。这些患有学习障碍的孩子，就像暂时迷路坠落凡间的星星，需要被拯救和指引前进的方向。不管是家长还是老师，抑或是其他人，我们要想走进孩子的内心世界，自然就要听到孩子内心深处的呼唤，看见他们真正的需要。在此之前我们要迈出的第一步，就是站在孩子所处的水平线上，给予他们平等、尊重和理解。

他们是星星，但比星星更加闪耀。

（杜青雨）

"小哪吒"变形记

——《人生大事》中儿童社会性与人格发展的心理个案分析

中　文　名：人生大事
英　文　名：Lighting Up The Stars
类　　　型：剧情、伦理、情感
上映时间：2022
片　　　长：112 分钟

剧情回眸

　　故事讲述小女孩小文的妈妈生下她后不知所终，小文一直和奶奶生活，并且认为自己没有爸妈。影片的开头，小文和奶奶躺在一起午休，一通电话打来，只把小文吵醒了，而奶奶就这样安静地离开了人世。在小文眼里，奶奶是她唯一的依靠。年幼的她不明白死亡意味着什么，她认为是办理丧事的莫三妹把奶奶装进大盒子（棺材）里拉走了，因而一直追到莫三妹的寿衣店。三妹和小文的关系被演绎为"悟空大战哪吒"。对莫三妹来说，葬礼是一桩营生，也是对在世亲属的一个交代。小文却不满足这个交代，她无法理解"外婆在箱子里"，也无法接受"外婆被烧成烟"，她拿着红缨枪硬闯"上天堂"，追问外婆究竟被藏在了哪。

　　小文的舅舅没有经济来源，全靠舅妈养活，舅妈嫌弃她是个累赘不愿抚养，于是将小文暂时放在丧葬店让莫三妹以及他的朋友们建仁和白雪代为看管。最后，小文舅舅说服了三妹让其领养小文，由于三妹不符合领养孩子的法律规定，只能由结了婚的建仁和白雪来领养，而他们也因此成了小文法律上的父母。在相处的过程中小文和莫三妹逐渐建立起深厚的类似父女之间的感情。小文大闹殡仪馆、配合三妹演戏做生意、调解老莫和三妹之间的关系……后来小文的生母出现，莫三妹思虑再三，决定将其送还生母抚养。出租车发动之后小文不断敲打车窗，哭喊着"爸爸"，三妹动容了，在雨夜追赶，奈何出租车还是消失在路的尽头。然而第二天小文的失踪让三妹懊悔自己当初的决定，谁能想到小文已经离不开莫三妹这个"爸爸"，离开生母独自跑回了寿衣店。为了给小文一个"完整"的家，也为小文不再失去母爱，莫三妹留下了小文的生母在寿衣店打工。

案例分析

影片《人生大事》（*Lighting Up The Stars*）将焦点对准了人生旅途的最后环节——殡葬。在面临殡葬与死亡这些宏大严肃的主题时，影片的诠释带着中式的黑色幽默——被花式变奏得有些滑稽的《送别》、孝子打幡摔盆等颇具表演性的"仪式感"、有点吓人又有点可爱的纸扎娃娃……

影片中小文这一儿童形象牵动了多数情节的发展，年幼的小文无法理解"外婆在盒子里"，也无法接受"外婆被烧成烟"，她拿着红缨枪硬闯"上天堂"，她的种种行为和表现透露出了哪些儿童心理发展的特征和规律呢？

一、儿童情绪发展及气质

影片的开始，伴随着戏曲声，一幕幕生活画面映入眼帘：昏暗的灯光打在哪吒海报上、缺失的油画棒、随意放置的手表和钥匙、凌乱的麻将牌、整齐摆放的药物……这就是小文的生活环境。镜头转向正在休息的小文和外婆，一通未接的电话，打破了小文午休的美梦，却没能叫醒"沉睡"中的外婆。小文先是起身呼喊"外婆，外婆……"见外婆没有反应便俯身朝着外婆的耳朵大喊"外——婆——"，见外婆依然没有给自己回应，小文接下来的动作是捏住外婆的鼻子大喊"外婆"，最后看到外婆依然没有回答自己，小文坐在床脚抱着她的虎头玩偶"豆角"一遍遍叫着"外婆，外婆，外婆……"，神情略显无助。

小文叫醒外婆的一系列举动，如大声呼喊、捏鼻子是不礼貌的，对长辈来说甚至是有些冒犯的。小文下意识的动作如此，说明在平时的家庭教育当中，外婆允许小文的这些行为，透露出外婆对小文的过分宠爱。

镜头黑了几秒，殡葬师莫三妹入场。由于外婆的身体出现尸僵的现象，莫三妹需要用热水以及毛巾帮助外婆将体态复原，躲在柜子里的小文目睹了这一切。小文可能认为三妹在欺负外婆，冲出柜子，手拿红缨枪往莫三妹身上戳，并且大喊"别碰我外婆"。在一旁的小文舅舅见状，把小文抱离了外婆的房间，小文尖叫，并大喊"别碰我外婆""放老子下来"。舅舅把小文抱进另一间房，随后将门上锁，小文敲打着门，并喊道："放老子出去！"后来，舅舅将碗砸碎，仪式开始。殡葬师们将棺材抬走，表哥小武对小文说："你外婆在那个大箱子里，她要被拉到火葬场，烧成灰，埋到坟里。"小文生气道："胡说！老子撕烂你的嘴！"小武："她死了，你再也见不到她了。"小文："你再说！"说完便提着红缨枪从房间的窗口跳出去追赶莫三妹的车。

影片开场 10 分钟，将小文"小哪吒"的形象俨然刻画了出来，并且与表哥文质彬彬的形象形成对比。在普通话与方言的交流中，表哥小武一直很淡定，而小文越听越激动，甚至有想动手的倾向。两个孩子行为和态度上的差异是由于不同的人格所导致的。在描述人格时，通常关注点在气质上。气质指的是个体对在特定环境中发生事件的情感和行为反应模式的特征，包括活动水平、易怒性、恐惧性等，而气质也是遗传和环境交互作用的结果。

小文出生之后便一直由外婆照顾，与外婆相依为命，见不到外婆对小文来说是天大的打击，她对自我的认知是"我没有爸，也没有妈，我是从石头缝里面蹦出来的"。由于缺少父母的关爱，长期以来都只由外婆照顾，小文在语言表达、情绪表达以及情绪控制等方面存在一定的问题。影片从开始到结束小文都只说方言，时常称自己为"老子"，生气的时候会咬人……如何对小文进行正确的家庭教育也成了莫三妹等人后续的棘手问题。

二、儿童情感依恋

小文用自己的手表拍下了莫三妹的车，并一路询问，最终找到了莫三妹的寿衣店"上天堂"。小文见到莫三妹回来说："就是你，最后碰我外婆的就是你，你把我外婆送哪里去了？"莫三妹："送火葬场去了，送哪里去了。"建仁拦住小文，小文大喊道："还我外婆！放开老子！"小文的舅舅接到电话赶紧来带小文回家。见舅舅劝说无果，三妹说："你外婆在屋子里，你自己进去找她。"小文边喊着外婆边向屋里跑去，三妹顺势抱起小文往店外走，说道："哪来的你外婆。"小文："放开老子，放开老子。"三妹并没有放开她，小文就咬三妹的手臂，最后小文是被舅舅扛上肩带走的。到了晚上，小文又来到了店里。这次小文躲在桌子下面，舅舅抓着小文的手一遍一遍劝说，小文仍然不愿走，并且以咬手臂的方式回应了舅舅。最后无奈，舅舅只能将小文放在寿衣店让建仁他们照看几日。建仁给小文做了碗面，小文询问有没有蒜，因为外婆说："吃面不吃蒜，香味少一半。"见小文狼吞虎咽的模样，建仁说："几天没吃饭了，你爸妈都不管你啊。"小文平淡地回答："我没爸妈。"白雪问："那你怎么找到这个地方来的？"小文："我拍了照，我给人家看，人家就告诉我怎么走。外婆说，路都长在鼻子下面。"建仁提议玩捉迷藏的游戏，被小文拒绝了，小文说自己平时和外婆玩的是打麻将。一局过后小文赢了，其他人说继续的时候，小文说："外婆说，见好就收。睡觉。"

在之后的场景中，小文吃早餐，吃得满凳子都是，后来又用手抓取掉在凳子上的粉条往嘴里塞，面对莫三妹提出的各种要求，她都以外婆之前告诉她的话来回答。外婆说"没超过3秒就可以捡起来吃""粒粒皆辛苦""不干不净，吃了没病"。在老刘的葬礼之后，看到莫三妹脸上有伤，小文模仿着之前外婆的动作，吐了口水在手上往三妹的伤口上敷，她说外婆说这样可以消炎止痛。

对于小文而言，外婆不仅是她的亲人，也是她成长过程中特别的老师，外婆的一言一行都影响着小文的成长，小文对外婆形成了依恋。在之后的相处过程中，小文又对莫三妹产生了一种依恋。小文最开始扒着栏杆、哭闹着不愿意去幼儿园，到后来急着去幼儿园，其实是安全型依恋的一种表现：最开始表现为对莫三妹的依恋，后来又对幼儿园的老师产生了依恋。

什么是情感依恋呢？John Bowlby 认为这一术语用于描述个体对生活当中另一特定个体的强烈情感联结。依恋可以划分为四种类型：安全型依恋、抗拒型依恋、回避型依恋、组织混乱型依恋（方向混乱型依恋）。安全型依恋指的是儿童更喜欢和自己亲密的人待在一起。抗拒型依恋指的是儿童抗拒与陪伴者分离，但是对陪伴者主动地靠近又表现出抗拒。回避型依恋指的是儿童很少表现出分离抗拒，甚至对陪伴者有意回避。组织混乱型依恋（方向混乱型依恋）指的是儿童在重聚时表现出一种矛盾行为，先想靠近陪伴者，在靠近之后又想回避。

小文对外婆和莫三妹都存在着安全型依恋。影片的前半段围绕小文找外婆进行，她不愿接受外婆已经离她而去的事实，会偷偷在大家熟睡的时候听外婆的语音；后半段围绕着小文认定莫三妹是自己的爸爸，并在亲子课上送给莫三妹一幅画，在生母把小文领走之后，独自跑回"上天堂"寻找莫三妹这个爸爸。

三、儿童攻击行为

因为莫三妹和他的朋友们要做生意，所以只能将小文也带到医院工作。一对夫妇的女儿去世了，三妹要小文演他的女儿，如果听他的话就带小文去找外婆。之后三妹顺利将这一单生意谈下来了，小文坐着"上天堂"的车到了殡仪馆，尽管三妹叮嘱小文在车里别乱走动，小文也答应了，但是无意中看到了众人搬着大箱子（棺材），又想到了表哥说的那些话，她的外婆就在大箱子里……小文下车去找，最后在另一家人的葬礼上看到了大箱子，看着箱子里的不是外婆，她疑惑地问："我外婆呢？我外婆就在这个大箱子里面。"一边说一边用自己的手拍大箱子。大家都疑惑是哪里跑出来的小孩子，小文接着说："你们是不是把我外婆也烧了？"面对工作人员还有离世家人亲属的驱赶，小文选择大闹人家的葬礼，小文哭着说："我外婆呢？""还我外婆！"还用自己的红缨枪戳其他人，咬了陌生男子的手臂，最后被家属给请了出去。

由于小文大闹别人葬礼的事情让老莫知晓了，老莫要求莫三妹在一个月之内凑齐三十万，否则不把"上天堂"的房产证给三妹。小文知道自己闯了祸，因此找了外婆之前的舞伴老刘帮忙。三妹、建仁和老刘商量之后发现老刘想为自己办一场葬礼。起先想到不合行业的规矩，拒绝了老刘，但是老刘说自己能出三十万办葬礼，迫于老莫三十万的压力，他们达成了交易。在给老刘办的葬礼上，老刘的孩子们带了一群人来闹事，小文也被其中一个人抓住了，并且又以咬手臂的方式进行抵抗，闹剧最终是以众人进派出所收场。

小文在整个影片中共有四次咬人的场景。第一次是小文去"上天堂"找莫三妹讨说法，面对小文的无理取闹，三妹只好把小文抱着"送"出店，她咬了三妹的手臂；第二次是小文的舅舅想劝说小文和他去北京玩几天，而小文只想弄清楚外婆到底在哪里，面对舅舅的拉扯，她咬了舅舅的手臂；第三次是大闹别人的葬礼，面对陌生人的束缚，她咬了陌生人的手臂；第四次是在老刘的葬礼上，她被大人阻止帮莫三妹，她咬了陌生人的手臂。无论是小文咬人的行为，还是用红缨枪戳别人的行为，实际上都属于攻击行为。什么是攻击行为呢？

攻击行为是一种意图伤害他人且被伤害者力图躲避的行为。这个定义关注的是参与者是否有伤害别人的这种意图，如果是在嬉戏打闹过程中造成的伤害则不纳入攻击行为，因为参与者没有使他人受伤的意图。攻击行为通常分成两种类型：一是敌意性攻击，二是工具性攻击。敌意性攻击是指参与者想让对方受到伤害的行为。工具性攻击是指参与者通过让对方受到某种伤害而达成其他目的的行为。

通过对以上概念的明确，小文的四次攻击行为实际上都属于工具性攻击，其实她最终的目的并不是想伤害其他人，而是想通过这种行为达到她内心的某种目的。前两次的咬人行为，小文是想留在"上天堂"，这样就有机会打听到外婆的下落；第三次，小文是想摆脱大人的束缚，急于寻找外婆；第四次，小文是想挣脱大人，给莫三妹帮忙。

在之后的一次幼儿园亲子课中，小文和隔壁婚庆店家的小孩小胖共同表演了一个节目——《哭丧》，这让小胖的妈妈十分气愤。小文这么做的原因可能是因为某天，小胖妈妈站在自家店门口说："儿子，我们不要和没有文化的人玩，来，我们来背唐诗。"小文觉得自己有被冒犯到，而且平时小胖妈妈对三妹的态度也很不好，想借表演节目来攻击小胖妈妈，这属于敌意性攻击。

攻击行为的起源可以追溯到婴儿期，比如两个婴儿在面对两个人都喜欢的一件玩具时，双方会把对方当成敌对者，即使这时拿出了另一件相同的玩具。攻击行为的发展也会随着年龄的增长发生一定的改变。一项研究表明，在婴幼儿早期，存在一定的攻击行为，随着年龄增长，到童年中期时儿童的攻击行为有明显的减少。

四、儿童亲社会行为

小文大闹火葬场之后莫三妹十分生气，直截了当告诉小文："你外婆被烧了，变成烟了，飘到天上去了，不见了，消失了，以后再也看不到她了。你明不明白？懂不懂？"小文望着殡仪馆的烟囱正冒着一缕缕烟，放声大哭起来，一遍遍喊着"外婆！"……回到寿衣店的小文仍然在哭泣，自语道："外婆被烧成烟了。"建仁说："烧成烟也没有消失呀。"转头问在玩手机的三妹："是吧？"小文泪眼汪汪地盯着三妹，三妹说："对，飘到天上变成星星了。"随后好友给三妹送来了医院那个小女孩的定制骨灰盒。小文看着骨灰盒上的小女孩的照片问："这个小女孩也要被烧成烟吗？"建仁回答："对，她和外婆一样，也要变成星星了。"小文望着小女孩的照片出神。

　　第二天早晨，小文在小女孩的骨灰盒上面画画，被莫三妹等人一顿批评。莫三妹本以为小女孩的父母会因此生气，没想到换来了小女孩父母的鞠躬感谢，后来小女孩的母亲解释，小女孩生前也特别喜欢画画，小文的误打误撞，戳中了他们的心。

　　给活人办葬礼的事情传到了老莫的耳朵里，老莫怒气冲冲来到"上天堂"。"老子今天就是要把上天堂全砸烂了，一把火烧了，也比让这兔崽子给霍霍了强。""给活人办葬礼啊你！""这一行就没这个先例！"见老莫要拿拐杖打莫三妹，小文挡在三妹面前说："老头，是我帮三哥接的活，你要打就打我吧。"最后以三妹和老莫闹掰收场。当天晚上，莫三妹帮小文修好了在打闹中弄坏的红缨枪，看到小文在床上暗自流泪，三妹问："你哭什么呀？"小文手抱着虎头娃娃说："我是不是又给你惹祸了？"三妹说："这不是你的错，是三哥自己没本事。好了，你别哭了，赶紧睡觉，你睡着之后天上的星星就会掉到你的梦里去变成你的外婆，陪你聊天。"小文信了三妹的话，乖乖睡去。

　　莫三妹的前女友请求他帮忙拼接尸体，三妹以自己和老莫闹僵了为由拒绝了她，小文听到他们之间的对话，起身说："我去找他（老莫），我又不怕他。"之后小文拽着三妹来到了老莫跳广场舞的地方，径直向老莫走去，说："嘿，老头，三哥找你有事，你能不能不要骂他？"老莫说："我凭什么要听你的？"小文回答："你就得听我的！"老莫又说："那你叫我声爷爷我就听你的。"小文乖乖叫了："爷爷。"老莫说："再大点声。"小文："爷爷！"就这样，小文拉着老莫的手走到三妹身边说："不许吵，说吧。"

　　亲社会行为是利他主义的一种体现，亲社会行为的含义是任何有意使他人获益的行为。利他主义的起源同样可以追溯到婴儿期，有研究表明，在玩具数量有限的情况下，婴儿也会偶尔将玩具给同伴玩或者帮助父母做一些家务。

　　小文的亲社会行为体现在以下几方面：面对同龄小女孩也要和外婆一

样被"烧成烟",在没有征求莫三妹允许的情况下,独自在小女孩的骨灰盒上面画画,表达自己对小女孩离世的哀悼,此举让小女孩的父母深受感动;莫三妹因为给活人办葬礼坏了行业的规矩,在老莫想"教训"三妹的时候,小文站到三妹面前想替他受罚;莫三妹面对前女友的请求,以和老莫闹掰为由拒绝了她,但是小文说能帮他们牵线搭桥。

莫三妹与小文在相互救赎中不断成长,三妹成了有责任心的大人,小文也从"小哪吒"变成了有分寸的小孩。影片的最后,莫三妹、小文、建仁等一行人坐在"上天堂"的门口,望着天上的繁星,小文将在大家的爱中茁壮成长。

透过影片我们也可以了解到,儿童的发展其实是有阶段性的连续发展的过程,其前期的发展在社会性与人格发展等方面可能会呈现出"不受控"的一面。尽管如此,我们仍然相信他们有无限潜能,因为儿童的可塑性是极强的。

（罗　月）

奇妙的蝶变

——《匹诺曹》中撒谎儿童的心理成长个案分析

中 文 名：匹诺曹

英 文 名：Pinocchio

类　　型：奇幻

上映日期：2019

片　　长：124 分钟

剧情回眸

电影改编自经典童话《木偶奇遇记》，讲述的是一个由木头雕成的木偶匹诺曹与老木匠杰佩托从失散到重逢的历险经历。正是在这个奇幻的旅程中，小木偶成长了起来，完成了蝶变。为了换取供匹诺曹学习的课本，杰佩托把自己的上衣卖掉了。可一心贪玩的匹诺曹，不惜卖掉课本就为了跑到马戏团看一场木偶戏，就这样开启了一段离家之旅。

木偶戏班的老板曼吉亚福科知道了匹诺曹寻找爸爸的事情之后，为之感动，并给了匹诺曹五枚金币。在回家路上，匹诺曹却被狐狸和猫骗走了金币。不久后，在仙女的教导下，匹诺曹开始用功读书，但是在坏同学的怂恿下，他还是没有经得起诱惑，被引诱到玩儿国。在疯狂地玩了一段时间后，被黑心商人变成一头上台表演挣钱的驴。后来，匹诺曹经不起折腾，被黑心商人抛到了大海，随后被鲨鱼吞进了肚子里。幸运的是，在鲨鱼腹中，他和老木匠杰佩托意外重逢了，并且在他的勇敢与机智下成功地逃了出来。影片最后，他们在海边住了下来，匹诺曹在仙女的帮助下变成了一个真正的小孩子。

案例分析

意大利真人版《匹诺曹》的故事围绕一个老木匠与他雕刻的小木偶匹诺曹展开。电影《匹诺曹》不同于其他作品，没有紧迫感、虚浮的情节及杂乱的画面，没有老师家长苦口婆心语重心长的教诲，却在不断教导我们。我们看电影电视剧抑或综艺，往往会融入进去，在不知不觉中了解这些似乎不容易被我们所发现、所理解的道理，或者说是现实中更近教导的教导！

一、心理成长的四个关键期

埃里克森的心理社会发展阶段理论认为，人必须经历一系列顺序不变的心理发展阶段，每一个阶段都有应完成的心理发展任务。影片中匹诺曹能完成蝶变、获得心理成长，与以下四个成长的关键期获得的"心理营养"分不开。

第一阶段（0—1岁）：婴儿的心理发展任务是获得对人和世界的信任，培养"希望"的品质。幼小的婴儿迫切需要感受到周围人，尤其是母亲或其他主要抚养人的关心和照顾，只有这样才不会发展成对外界特别是对周围的人害怕与怀疑的心理，只有这样才认为周围人是可以信任的，所处的环境是安全的。影片中，匹诺曹的父亲从雕刻开始，就一直关心呵护着匹诺曹，帮助他发展出了对他人和世界的基本信任感。虽然这种对所有人都信任的特点使得匹诺曹经历了不少波折，但这种基本信任让他顺利度过了儿童心理发展的第一个阶段，让他的人生充满了希望。

第二阶段（1—3岁）：幼儿的心理发展任务是培养自主性、克服羞怯感，获得"意志"的品质。与第一阶段婴儿处于依赖性较强的状态下，什么都由成人照顾不同，到了第二阶段，幼儿开始尝试独立地探索世界，走路、吃饭、穿衣服都希望自己能够完成。如果父母为了爱护孩子处处包办，或者过分严厉地要求孩子只会使孩子产生自我怀疑和羞耻感。这时候父母需要允许并鼓励他们独立地去干一些力所能及的事情，培养他们的意志力，让他们能够自己控制自己，使他们获得一种自主感。在电影中，匹诺曹不听从父亲让他去上学的安排，把课本卖掉就为了跑到马戏团看一场木偶戏，贪玩的背后也看出了匹诺曹开始具有了独立自主的要求。后来被迫与父亲失散，一直到再次与父亲团聚的过程中，都没有父亲的陪伴教导。这个过程中父亲的角色是缺席的，所幸得到善良仙女的指引，帮助匹诺曹度过了这一阶段。

第三阶段（3—6岁）：儿童的心理发展任务是培养主动性、进取心，获得"目的"的品质。到了这一阶段，儿童想要获得主动感去克服内疚感，开始对一切充满好奇心，包括对周围的环境和他自己的身体。成人如果能够耐心地解答他们提出的各种问题，给孩子一定的自主性，孩子就会表现出很大的积极性与进取心，主动性得到进一步发展。再一次进入学校，匹诺曹开始调皮捣蛋，仙女非常生气，但还是原谅了他。后来，在仙女的监督下，匹诺曹认真多了，他资质聪颖，甚至还受到了老师的表扬。

第四阶段（7—11岁）儿童的心理发展任务是勤奋学习，获得"能力"的品质。这个阶段的孩子为了避免自卑感需要获得勤奋感。他们开始参加各种活动包括学校里以及社会上的，如果成人能够支持、帮助与赞扬，那么孩子就能进一步加强他们的勤奋感，并进一步对这些方面发生兴趣。随着他们的能力日益发展，他们的智力也不断地得到发展，特别是逻辑思维能力发展迅速。电影中，为了寻找父亲，即使是冒着可能被淹死的风险，匹诺曹也要渡过大海。在整个过程中，仙女一直都在支持和鼓励他，匹诺曹也从中得到了成长，最后用自己的智慧和勇气从鲨鱼肚子里救出了父亲。

二、父亲与仙女

教育家苏霍姆林斯基曾经强调过："没有家庭教育的学校教育和没有学

校教育的家庭教育，都不可能完成培养人这一极其细致而复杂的任务。"家庭是儿童生命的摇篮，是人生的第一个课堂，每个孩子出生后最先接触的就是父母。家长是孩子的第一任教师，家庭教育在孩子的成长过程中起着奠基作用。

教育孩子要有充足的准备。在影片中，我们可以看到，匹诺曹的老木匠父亲并没有做好准备，他本来只是想做一个木偶人，意外发现木偶人有了心跳，尝试让他叫爸爸，然后，他莫名其妙就有了一个儿子。

需要教会孩子保护好自己。老木匠在他成为小木偶父亲的第一时间，没有告诉儿子如何保障生命安全和必要的为人常识，而是向邻居大声地炫耀。在匹诺曹把自己的一双脚烧坏后，老木匠只是轻松地说："再做一双就好了"。作为父母，需要对孩子进行引导和教养，而不是在闯祸之后为他善后。不断地包容或纵容可能导致孩子不断犯错。

需要与孩子有效沟通。老木匠是深爱匹诺曹的，为了把他送去学校，他宁愿当了御寒的衣物。老木匠知道学校教育可以教会孩子识字，却没有意识到，作为一个父亲，应该给予孩子必要的引导和教养。他没有跟匹诺曹说为什么要学习，也没有告诉他应该体谅父亲，以致儿子为了看木偶戏当掉了父亲费尽心思换来的课本，踏上了冒险之旅。

幸运的是，匹诺曹遇到了不断耐心教导他的仙女。也正是因为有了仙女的教导，匹诺曹才能在一次次欺骗与挫折中学会明辨是非，逐渐成长，最后在鲨鱼肚子里，像个"男子汉"一样鼓励并救出父亲；上岸后打工为父亲买牛奶，最终蝶变成真正的小男孩。可匹诺曹毕竟是童话里的人物，现实中的孩子不会得到仙女的帮助，能够给孩子正确引导和教养的只有父母。

孩子需要父母无条件积极关注。人本主义心理学派强调人的尊严、价值、创造力和自我实现。无条件积极关注是美国心理学家罗杰斯提出的心理治疗的前提，咨询师要给予来访者无条件的温暖和接纳态度，使来访者觉得他是一个有价值的人。同时，罗杰斯主张教学应该以学生为中心，他认为真诚、尊重和移情性理解是培养课堂心理气氛的三个最基本的原则。而这三个原则与无条件积极关注在父母对孩子的教育过程中同样适用。

匹诺曹能够成长为一个有责任感有担当的男孩，离不开他的成长环境。老木匠杰佩托把一块能说会道的木头，雕刻成了一个小木偶，取名为"匹诺曹"，并把他当成自己的孩子一样爱护。木偶通常让人有粗糙僵硬的感觉，给人一种不够灵活变通的印象，而老木匠杰佩托和仙女对匹诺曹一直充满了爱与鼓励，让小匹诺曹成长为一个真正意义上的小男孩。

三、童言无忌？孩子爱说谎？

许多父母用高高在上的权柄压制和管教孩子，认为让孩子害怕就可以管住孩子，但这也使得孩子渐渐不敢说实话，不敢坦诚地表达需求，讲真话就意味着会"被责罚"的认知在一次次互动当中形成。这就是为什么说每个爱说谎的孩子背后，都站着一个允许度极低的父母。父母与孩子之间除了责备和谩骂，还有"爱与鼓励"这座桥。在爱与鼓励里长大的孩子，在面对问题时，不会退缩，更不会违心地撒谎。

俗话说童言无忌，讲的是小孩子天真无邪，讲话诚实，即使说了不吉之言，也无须见怪。而经验告诉我们，小孩子讲的不一定就是实话，儿童也会说谎话。在分析儿童的谎言形式后，说谎不外乎以下几个原因：

其一，说谎是为了逃避。每个小孩都害怕被爸妈打骂，而对于蹦蹦跳跳的小孩子来说，磕磕碰碰是常有的事，失误弄坏杯子碟子等家具这样类似的事情就时常会发生。小孩子认为自己犯了错误，通常会选择撒谎来掩盖事实的真相，通过向家长撒谎，来逃避自己的责任，避免被家长教训。这也是孩子没有安全感、对爸妈不信任的一种表现。

其二，渴望得到好处或者关注。特别是在具有几个孩子的家庭中，父母不可能每时每刻都顾及每一个孩子，有的孩子看到别的孩子被爸妈偏袒，尤其是父母有意识无意识地对不同孩子形成不同偏爱后，感觉到失衡的孩子就有可能通过撒谎来换取父母的关注。就像有的孩子潜意识里为了得到照顾，在一些关键时刻突然莫名其妙生起了病，一旦得到父母的关注又恢复正常。

其三，谎言是最真的真话。撒谎有时候其实也是孩子的一种表达方式，有时候小孩子不敢或者不喜欢直接表达自己的想法，就通过某些谎言来表达自己的诉求。这时候的谎言和愿望其实是相通的，需要家长耐心地觉察。

能否读懂孩子的"谎言形式"和"说谎需求"，关键看父母是否可以理解到位。在"匹诺曹说谎"的背后，藏着谎言的两种形式，需要父母去读懂并有效处置。通常这两种表达形式，可以划分为白谎与黑谎。划分的标准主要看说谎的目的，是为了有利于他人还是有利于自己。利他的白谎是为避免伤害他人、损害他人利益或者取悦他人而说的假话；而利己的黑谎，指的是孩子通过说假话来避免受到惩罚而隐瞒自身错误或逃避自身的过失。

在人际关系中，白谎具有积极的意义，它是为考虑其他人的情感而说的谎话，也被称为善意的谎言。如有的时候小朋友懂事有礼貌，即使不是自己喜欢的礼物，但看到朋友用心准备，也会表现出很喜欢的样子；有时候是害怕家人、老师或者朋友担心，即使摔得眼泪在眼眶里打转，也说摔得不疼等。

所谓的黑谎其实就是孩子为了自己的利益而说的谎。比如看到别的小朋友得到更好的成绩而在交卷后涂改说谎以换取分数等等。特别是为了得到自己的利益，从而隐瞒事实并且对他人造成了一定伤害的黑谎，如果任由其长期发展下去，孩子就难以改正，从而成为习惯，甚至会造成人格上的偏差。

现实生活中，需要父母对孩子的说谎行为进行更妥帖的处置。家长要先分辨黑谎与白谎，再决定采取"否定纠正"还是"肯定促进"，不能全盘否定孩子的说谎行为，这样才能帮助孩子从小学会替他人着想的处事方式，促进孩子做出一些对他人友善、对社会有利的行为。

家长们常常通过两种方式对孩子的说谎行为进行处置：一是训斥＋警告；二是谈心＋解决。使用前一种方法容易让孩子产生恐惧情绪，即使孩子认了错，也无法真正地认识到自己的错误。用过于严厉的方式，特别是粗暴的方式对待孩子，不仅达不到教育孩子的效果，还非常有可能会在孩子的心里留下阴影，性格和行为容易变得偏激。一些孩子的自尊心强，经常使用如此极端的方式很可能对孩子的性格形成不良影响。而后一种方法，通过了解孩子说谎的原因，明白孩子为什么说谎，这样的谈心方式解决了孩子的说谎需求，使得孩子能够更直观地了解父母对自己的"爱"，避免用说谎来逃避，从而彻底解决孩子的说谎问题。

四、目标与希望

在《匹诺曹》电影中，老木匠是缺席的父亲角色，而仙女则对匹诺曹循循善诱，让他不断看到希望。如果您现在是为人父母，那么：

您对自己的孩子了解多少？

您的孩子的梦想是什么？

孩子有什么目标？

孩子想要什么，是否都是孩子自己的意愿？

是不是经常拿孩子跟其他孩子比较？

您的孩子遇到困难，作为父母怎么帮助孩子的？（责怪还是安慰？是否同一战线？）

这让我联想到《每天进步一点点》的公益短片，在短片中，我们看到了一个喜欢踢足球的小男孩，小男孩也许基础不好，跑得不快，跳得也不高，头球技术基本为零。小男孩也为自己感到沮丧。但是很幸运，小男孩有自己的梦想，有练习跑步、跳高、头球的目标，他知道自己想要什么。他的妈妈没有拿他跟其他人比较，一直鼓励他，总是对他讲，再努力一点点就可以了。因此，小男孩总能重拾信心，一次次地练习，一次次地奔跑，跳得一次比一次高。最后在比赛中用自己之前最不擅长的头球方式，帮助球队进了一球，拯救了球队。

"我可能不是最好的妈妈，因为我并不是想孩子总要得第一名，我只是希望他能每天超越自己一点点。"这是视频里这位智慧的妈妈一句颇有深意的独白。

短片中的孩子能够一直保持希望，离不开他有明确的目标，以及妈妈不断的肯定与支持，就像匹诺曹始终坚持寻找父亲的目标，在仙女的鼓励与支持下，最后寻找到老木匠。

曾有人做过三组实验，这三组人得到的信息都不一致，有一组什么都不知道；还有一组只知道村庄的名字和路段，但具体有多远，他们就不清楚了；最后一组不仅知道村子的名字、路程，而且每一公里就有一块里程碑。而他们的任务都是一样的，就是通过已知信息前往同一个十公里外的村庄。第三组在欢声笑语中到达了目的地；第二组凭经验走到一半就情绪低落，总觉得路程还很长；第一组才走了两三里就有人叫苦，抱怨着往前，越往后走他们的情绪越低落。

我们看到，当人们清楚地知道自己要达到的目标，以及到达目标的一个个里程碑后，就可以将自己的行动结果不断加以对照，行动的动机就会得到维持和加强，人就会自觉地克服一切困难，努力达到目标。

应该怎么帮助孩子拥有源源不断的希望呢？以下是五点可行的方法：

让孩子从小拥有伟大的梦想；

让孩子制定目标并引导他前行；

及时向孩子提出理想的要求；

重视目标的个体差异；

教会孩子遇到困难永远保持希望。

家长可以跟孩子讨论他的梦想是什么，目标是什么，怎么做到，可以怎么帮助孩子，遇到困难怎么办？这个过程中，孩子也会感觉家长是在尊重他，同时有利于亲子沟通，交流看法，增进相互的了解。需要注意的是，不要轻易否定、评判，更多的是引导，是否可行需要引导孩子自己去思考感悟。

梦想能给我们指引方向，而目标可以让我们知道每一步怎么走，不再恐慌。有了具体的目标之后，我们可以在每一个事项中加入时间节点；同时每做一件事都需要正向反馈，思考做这件事带来了什么。在制定目标计划的过程中，我们需要尊重个体差异，并不是每个人的需要都一样，许多人就是因为不从众，努力把自己与他人区分开才成功的。

五、拓展

孩子应该设立怎样的目标呢？为了帮助孩子更好地设立目标，我们可以参考"心流体验"寻找。

心流体验是指当一个人体验到独特的愉悦、欣喜的心理状态，这种状态是当一个人完全投入到一项他所喜爱并能掌控且富有挑战性的活动中时所产生的。

听过或没听过这个概念都没关系，你在日常生活中一定有过这种体验。回想一下，在学习、工作或者锻炼的时候，你是否有这样一种状态：全身心地投入到当下要做的事情中，完全不受外界的干扰，几小时就像几分钟一样短暂，而且你完成事情之后并不感觉到劳累，而是感觉到巨大的乐趣和成就感，这就是心流体验。

获得"心流体验"的过程就是一个经历"专注"的过程。米哈里·契克森米哈赖提出的心流理论认为要获得"心流"，需要做到以下几点：一是目标清晰；二能自我决定；三有足够的信心；四有挑战感；五是即时反馈。

家长可以根据孩子当下的兴趣，留心和重视孩子所做的事情和感受，帮助还没有设立目标的孩子设立目标，同时需要给他留下较大的自选空间；当然，目标的难度要具有一定的挑战性，要与孩子的能力相匹配。在完成目标的过程中要有即时有益的反馈。通过及时反馈可以知道自己哪里做得好，哪里需要提升，为后面的行动提供参考，进而更加快速提升个人能力。重复并坚持以上步骤，孩子就会更容易达到"心流"状态，学习做事都会更有效率。

（曹立严）

逐爱

——《念书的孩子》中留守儿童的心理成长解读

中 文 名:《念书的孩子》

英 文 名:The Reading Boy

上映时间:2012

片　　长:92 分钟

剧情回眸

　　破旧灰白的老房子,安静斑驳的小院子。早上,天刚雾蒙蒙亮的时候,在通往乡村小学拥挤的小路上,年迈的老人们都佝偻着身子,手里或牵着或扯着一个自家的、留守的孩子去上学,开开和爷爷也是其中的一员。爷爷每天接送开开上下学。三年级的小男孩开开,和他得了肺心病的爷爷以及自己捡到的小流浪狗小胆儿一块生活在乡下,他们相依为命。父母在外打工,每年过年才回家一次。每晚开开都为爷爷念书,等着爸爸打电话过来,似乎这样就能缓解一些思念带来的痛苦。开开是一个懂事和孝顺的好孩子,也许是生活环境的恶劣让小小的开开已经学会照顾自己和爷爷了。开开是一个有主见和聪明的孩子,会做饭,会给爷爷念书,会告诉爷爷生病了该打什么电话。带着对爸爸妈妈的思念的日子就这样平淡地继续着,他永远不知道意外和明天谁先到来。又是平淡的一个冬天的早晨,开开像往常一样做着早饭,做好饭的开开去叫爷爷吃饭,可是爷爷却再也醒不过来了。爷爷因病去世了,开开看着病床上的爷爷,没有继续叫爷爷,只有滚烫的眼泪不受控制地从眼角滑落。还处在对死亡一知半解的年龄就直面最亲的人的死亡，这对一个孩子的天真单纯的心灵是多么巨大的伤害呀！爷爷死后，父母决定将开开带往城市，开开拒绝了。他想留在爷爷和自己的家里，一个人生活。可没有爷爷的生活似乎需要一段时间来适应，开开跌跌撞撞又磕磕碰碰地学会在没有爷爷的家里照顾自己。每天早上，开开还是习惯做着两人份的早饭，还是习惯在睡得迷迷糊糊的时候说"爷爷，我有尿"。从梦中惊醒的开开，被孤独和恐惧包围着，极强的不安感，促使开开给爸爸打了电话。第二天爸爸回到老家，将开开带往了城市，却不得不将小胆儿留在老家。似乎是想到了小胆儿将会像自己一样一个人被丢在老家，会像自己一样害怕和孤单，开开痛哭着不愿与小胆儿分开，却又无能为力，镜头在小胆儿不断追逐着开开离去的公交车里慢慢落下帷幕……

案例分析

每一个人都会经历童年，但不是每一个人都会有父母陪伴的童年。都说幸运的童年可以治愈人的一生，而不幸的童年将会用尽一生去治愈。留守儿童在没有爸爸和妈妈的陪伴下是怎样成长的？具有哪些典型的特征呢？

一、在孤独中成长

亲情的缺失是留守儿童孤独情感的现状，亲情缺失下的留守儿童内心渴望陪伴和期待更多的关爱。我们来看看影片中，开开放学后跟狗狗小胆儿的一段对话。

"小胆儿，你知道你的爸爸妈妈在哪里吗？"

"知道就叫一声，不知道就不叫。"

"那就是你不知道？"

"傻瓜，你想你的爸爸妈妈吗？"

"比方说，夜里做梦，梦见了爸爸妈妈。"

"他们疼你、亲你，给你买了好多好吃的东西。"

"你怎么抱都抱不住。"

"你在着急。"

"突然发现，爸爸妈妈丢了。"

"刚才还在，怎么突然丢了呢？"

"你就找啊找啊，却没有一个人理你。"

"你跑遍了天下的路，问遍了天下的人，"

"竟然连一点儿消息都没有。"

"你就这样把爸爸妈妈丢了。"

"再比如说，你看见爸爸妈妈在前面走着，"

"你拼命地追啊喊啊，"

"可他们就是不理你。"

"爸爸，妈妈，你们在哪儿？你们去了哪儿？"

"小胆儿，如果你像我一样经常想念爸爸妈妈，"

"经常在夜里流了很长很长的眼泪，"

"那就是我的好朋友。"

开开与小胆儿的对话，更像是对内心中另外一个孤独的自己的独白，是对爸爸妈妈的陪伴以及爱的缺失的勇敢直面，对亲人无尽思念的纾解。

在开开的家里，除了小狗——小胆儿和爷爷，没有其他玩伴，电视机因为交不起电视费也不能看。开开一个人在孤独的寒夜里，开着只有黑白雪花的电视机，想去燕子家里看看电视，却被燕子奶奶叫"去自己家看电视"而落寞地回家。这种孤独感在爷爷去世后达到了顶峰。没有爷爷的夜晚，似乎连念书也变得没有了乐趣，一个人在椅子上看电视到睡着，从睡梦中叫着爷爷的名字而惊醒。恐惧和孤独不安似潮水般涌过来，让小小的开开惊恐无措地流泪。爷爷去世后，开开习惯性地做着两人份的早饭，在意识到爷爷已经不在后，默默地将多出来的那一份从锅里拿出来。

孤独是人生的必修课，从你呱呱坠地起就开始了你孤独的一生。你会经历没有父母在身边的时候，会遇到交不到知心的朋友的情况，会感受到意外失去自己最爱的人的悲痛，到最后一个人孤独地离去。

孤独是一把双刃剑，有利有弊。孤独能激发孩子的创造力，使他全身心地投入到自己的世界中，用一种独特又奇妙的视角去看待世界、去思考问题、去探索寻找新的灵感。另一方面，长期感到孤独的孩子，可能孤僻离群，影响学习和生活，孤独就成为成长道路上的绊脚石。

孤独是令人痛苦的，但同时孤独也是教人成长的。梅花香自苦寒来，若能从孤独的磨砺中涅槃而生，自能从风雨中带来沁人心脾的芬芳。开开是不幸的，但也是万幸之一，他还有一个爱他陪他守护他的爷爷。虽然父母不在身边，开开十分想念，但是懂事孝顺的开开从来不会因为这件事难过很久，还是会每晚认真地读书给爷爷听，并在班级里好好读书学习。开开会为小胆儿赶走欺负它的大狗，保护小胆儿；会在爷爷生病的时候，照顾爷爷吃药；会在爷爷因为意外煤气中毒的时候，独自一人拨打急救电话，并在去往医院的路上一直守护着爷爷；还会在爷爷从医院回家后，因为担心爷爷的身体而主动要求学习做饭，好让爷爷多休息休息。从这些事情中似乎已经能够在开开身上看到一个有责任有担当、勇敢智慧的男子汉的影子了。

二、在爱中成长

该怎么去描述爱呢？人们似乎无法去描述爱，就像氧气，你可能看不见、听不见，甚至感受不到它，可是它却无处不在，不可或缺。有的爱像米粒儿一样大小，你却把它看得如生命一般的重要；有的爱就赤裸裸地摆在你的面前，而你却视而不见；有的爱深沉如海却不发一言，有的爱惊天动地却转瞬即逝。

爱到底是什么呢？是破晓的晨露；是冬日的暖阳；是每一秒的呼吸；是黑暗中的一盏明灯；是迷路者心中的指南针；是止步不前时，那双温暖的推手。

不过我们可以确定的是：爱是一种能量，而且是一种正向的能量，一种支持性的能量。这种能量能够助人成长！

农村留守儿童在成长过程中缺乏一方或父母双方的关怀与陪伴，孩童时期所需要的亲子互动得不到充分满足，很可能会对他们的心理健康和人格发展造成不良的影响。

农村留守儿童最突出、最普遍的问题，是他们长期与父母处于分离状态，导致他们缺少关爱、缺乏有效的监护。由此产生的心理问题往往具有隐蔽性和持续性，长此以往，将对他们的终身成长产生显著不良影响。由于缺乏父母的陪伴与关怀，其情感需要长期无法得到满足，加之其家庭经济状况较差，与身边的同伴相比，往往会产生"我不如人"的心理。若自信心长期得不到有效的激励与提升，可能导致他们对自己的认识出现偏差，极易加强他们的自卑感。

农村留守儿童在成长过程中缺乏来自家庭的支持，往往需要独立地面对和应对很多生活中的事情，自己给自己做决定，甚至会出现自己养活自己的现象。在没有人的帮助和引导下，缺乏爱意滋润的孩子，容易逆反回避很多问题，从而产生消极的、悲观的心态。影片中，虽然开开从小缺失了爸爸和妈妈的爱，却收获了爷爷、朋友和老师的爱。开开从小与爷爷一起生活，爷爷给了开开无微不至的关怀。爷爷能够准确地觉察出开开敏感的内心需求，在开开不开心的时候及时给予安慰，在开开思念父母的时候，给开开希望。

爷爷不停地给予开开无条件的积极反馈。"开开真聪明，只要学，什么都学得会……"冬天放学回家，爷爷会把开开的小手放在自己苍老的手掌中，用自己手掌的温度去温暖开开冻僵的小手，用嘴轻轻地向开开的小手哈气……是爷爷替代了父母的位置，给了开开自己全部的爱，也教会了开开如何去爱，让开开在没有爸爸妈妈陪伴的童年中，能够留下一些很美好、很温暖的回忆。这些童年美好的经历，是开开积累着的积极的能量库，能够支持开开健康成长。

在爷爷去世后，开开也收获了来自邻居一家——燕子和燕子姥姥的温暖，在开开爷爷去世的第一天晚上，开开独自带着小胆儿站在空无一人的老房子门前踌躇不前。这时燕子来到开开的面前拉起开开的手轻声说："开开哥，我姥姥说你要是在家里害怕，可以睡在我家……"听完这些话，开开哭了。燕子也许并不明白死亡代表着什么，却也能感受开开的悲伤。小小的人儿，轻声细语般的安慰，还带着小孩子般的幼稚，抚慰了开开不安和害怕的心。

三、在失去中成长

人总是在失去中获得，又在获得中失去，在失去中成长。从小失去父母陪伴的开开，没有可以撒娇的对象，只有陪伴着自己而且身体不好的爷爷，和一只不会说话的小狗——小胆儿。家里条件的恶劣似乎让他过早地独立和懂事，这种独立和懂事让人心疼。我想如果可以选择，开开也会选择和父母幸福地生活在一起。

身为开开的父母，他们也面临着生活的重担，与孩子分离实属迫不得已的无奈之举。在影片中我们也能看到开开的父母一共经历了三次无可奈何的抉择：第一次是到城市里找工作，让年迈还身患重病的爷爷与开开两人在乡下相依为命，艰苦生活。第二次是在开开的爷爷过世后，开开的父母回到了家乡，处理了爷爷的后事，由于在城里上学的条件对开开一家来说，实在是限制颇多。所以开开父亲和老师商量了一下，不得已还是决定暂时让开开寄宿在老师家里。但是开开的小狗小胆儿总是容易被欺负，为了小胆儿，开开决定离开老师家，回到自己家和小胆儿一同过着一个孩子一只狗的独立生活。第三次也是我们所看到的最后开启大团圆结局的那一次，开开失去了爷爷的陪伴，给爸爸打了一个无声的电话，这也成为让开开爸爸决心不管有多困难都要回家，把儿子接到城里来住的一个电话。

亲子依恋是孩子最重要的一种情感体验，它反映了孩子与家长之间的一种强烈的、持久的情感联系，在行动中表现为去亲近他们想依赖的对象。能够形成安全性依恋的孩子，即使在陌生的环境中，依旧能够与陌生人保持良好适度的关系，并展示出自信、独立、适应能力强等特点。

许多农村留守儿童在很小的时候，大概3岁前就和父母分别，失去了很多该享受的父爱和母爱。这使得他们的生活环境充满了矛盾与不安。《中国流动人口发展报告2018》中的调查数据显示，这种情况下，（外）祖父母承担起了监护人的角色，担任着照顾、陪伴与关爱孩子的重任，这占了留守儿童的主要监护人中90%的比例。因此，在他们的童年生活中，隔代教养就成了习以为常却又不可忽视的一部分。留守儿童在与父母分离以后，主要交由祖辈抚养，祖孙依恋也会在抚养的过程中随之产生。祖孙依恋是指儿童和（外）祖父母之间存在的一种特殊的情感联系。

（外）祖父母是留守儿童的首要照顾人。留守儿童失去父母的陪伴与爱，同时也是在失去中成长。这个年龄的孩子该有的很多东西都随着失去了，相隔千里的父母们很难关注到孩子们在情感上的呼唤、心理上的需求，孩子们已经失去太多的安全感了。然而，正是由于这种失去，留守儿童们更早地独立，学会了更多的技能。经过引导的孩子，也可能在心理上更坚强、更乐观，更会照顾和理解（外）祖父母。

影片中，失去了爸爸和妈妈陪伴的开开收获了爷爷和朋友的陪伴。后来爷爷过世，爸爸和妈妈最终选择了不管多难，也要将开开带往城里一起生活。从此失去爷爷陪伴的开开，重新获得了父母的陪伴。在临行前，开开来到爷爷的坟前，对爷爷说："爷爷，你咳嗽好了吗？""燕子姥姥说，人不管得了什么病，只要一死，就好了。"

开开接受了爷爷去世的事实，将爷爷的去世理解为疾病的痊愈，这样乐观的想法为开开减轻了失去爷爷的痛苦和不舍。可是去城里生活，就不得不与小胆儿分开，尽管开开苦苦哀求爸爸带上小胆儿一起离开，但无力改变失去小胆儿的事实。在去往城里的公交车上，爸爸拉扯着开开不让他下车，问道："你为啥呀？""为啥非得带着小胆儿？""在城里给你买个好的不成吗？"开开哭泣着回答说："爸，我求你，让我下车吧。……家里只剩小胆儿自己，他夜里害怕。"

开开在公交车上苦苦哀求着爸爸，说自己不进城了，自己不能留小胆儿一个人在这，小胆儿一个人在这里会害怕，会没有饭吃，开开说的是不是也是当初的自己呢？开开自己总是一个人被丢下，从小被爸妈妈丢在爷爷这，爷爷去世后，把他一个人丢在这人世间，自己明白被丢弃的痛苦和恐惧，不想小胆儿也被丢下。虽然自己总是被丢下，但是，自己却想着尽全力保护好小胆儿不被丢弃。

动物似乎总是能被寄托人的思念，这是一种抽象的思念，而不是仅仅针对某一特定的对象。爷爷在时，开开在小胆儿身上寄托的是对爸爸和妈妈的思念，而在爷爷去世，与父母在一起时，开开在小胆儿身上寄托的是对爷爷的思念和不舍。电影的镜头最后停留在不停追逐着开开乘坐的去往城里的公交车的小胆儿身上，不停追逐着远去公交车的小胆儿是否正映射了开开那颗不停追逐着爱，却总是没有着落、不安的心呢？

四、助力积极成长

随着城市化发展和工业化进程加快，近年来大量的农村人口选择进城务工，他们的孩子被迫成了留守儿童。由于缺乏父母的关心、教养与陪伴，使得留守儿童的学业、心理和道德行为等容易产生诸多问题。根据国家统计局 2021 年第 7 次人口普查的结果显示，直至"十三五"时期为止，我国农村留守儿童总计 643.6 万余人，从统计数字来看情况虽然逐年有所改善，但依旧不容乐观。

部分留守儿童性格孤僻、自卑、沉默寡言，长期的隔代教养会让他们难以表达自己内心的欲望和诉求，因为很多东西从祖父母身上是得不到的。所以还没有和父母建立好亲子依恋关系就被迫分离的他们，一方面在梦中千百次地呼唤着期待着父母的归来；另一方面当父母真的回来站在他们面前的那一刻，孩子的态度又会表现得冷淡，甚至会拒绝和他们沟通，都不愿意喊自己的父母。因为长期缺乏安全感，他们变得小心翼翼，把自己封闭在小世界里，不想去一次又一次地经历温情后的离别和伤痛。

在电影里，开开的爸爸回家后，看见小孩三天半没吃东西，赶紧做了些好吃的。开开却表现得十分客气，他对爸爸说："谢谢爸爸。""不用谢，孩子，跟爸爸不用客气的。"这一刻，开开的父亲心情很复杂，既为儿子的独立感到开心与欣慰，同时也非常心疼在如此环境下长大的孩子。对于一位父亲而言，宁愿孩子扑进自己的怀抱大哭大闹，都要比冷漠客气来得不那么辛酸委屈。

爷爷走了之后，开开最初不想和父母一起去城里生活，因为家里还有小胆儿。而且开开有一个同学之前也是跟着他的父母一起去了城里，却因为一些原因没能在城里找到合适的学校，又回到了村里。开开害怕自己也会像她一样不能在城里读书，还得被重新送回来再次成为留守儿童。不过值得庆幸的是，后来开开的父亲花费了不少金钱，并通过一些人脉关系，终于把开开送到了镇上，待在爸妈身边还入学成功，迎来了整个影片的欢喜大结局。

积极心理学认为人是拥有无限潜能的。发掘与提升个体积极向上的心理潜能，有利于提高人的生活质量与生命价值。积极心理学理论提出，人都是有积极潜力的，如果能够积极地重视和培养这些潜力，那么个人就能够朝着积极、健康的方向发展进步、健康成长。

有研究结果显示，个体对未来人生的正向引导体验、希望感与心理健康关系密切。作为一种积极的心理品质，希望感对于促进留守儿童的成长具有重要的作用，可以有效地缓解他们的问题，减轻孤独；作为一种积极的激励状态，希望感能有效地提高人的生活满意度。如果能够从社会、学校、家庭三方面建立起"三位一体"的系统关爱网，农村留守儿童的希望感将会得到大幅提升。

积极的社会支持能提高留守儿童的希望感，从而使其获得更好的心理发展。我们呼吁社会对留守儿童给予更多的关注和支持，不仅仅体现在经济上的支持，还要通过开展多样的健康教育活动，来拉近与他们的心理距离，建立起积极的情感纽带，给予他们更多的爱与温暖。而媒体也应该在报道留守儿童相关新闻时，多做正面报道，将正能量传递出来，减少他们的负面情绪体验，从而推动他们积极健康成长。

学校是留守儿童除了家庭之外的主要活动场所，同伴关系和师生关系都会对孩子产生不小的影响。积极心理学的本质在于追求一种以人为本的人文关怀。教师要重视每一位孩子对归属与爱的需求，重视孩子对希望与安全的渴望。可以尝试通过"解忧信箱""悄悄话小树洞"等活动，使其在校园生活中感到温暖和关怀。同时要加强对留守儿童的心理健康教育，呵护儿童心理健康。

家庭是留守儿童成长的关键因素。建立平等、友爱的亲子关系，温馨友善的家庭沟通可以使孩子获得更多正面的情感体验，发展更积极的心理品质。即使家长和孩子相隔千里，也应该在百忙之中抽出时间对孩子进行正面的引导和鼓励，大胆表达爱意，消除孩子的无助感，提高他们的幸福感和希望感。另外，通过微信、QQ等方式，多打打电话，偶尔给孩子送一些小礼物，哪怕只是一张满怀亲情爱意的明信片，也足以让自己和孩子之间的联系更加紧密，弥补孩子在感情上的那部分空白，让孩子对将来有更多的期望与憧憬。

真教育是心心相印的活动，唯独从心里发出来，才能打动人心。

春风吹过，蓝天下，有爱有暖阳。

（陈小雨）

拥抱"坏小孩"

——《隐秘的角落》中儿童健康成长的心理个案分析

中 文 名：隐秘的角落
英 文 名：The Bad Kids
上映日期：2020 年
片　　长：12 集

剧情回眸

　　该剧改编自紫金陈的推理小说《坏小孩》。故事的主人公是朱朝阳、严良、普普以及数学老师张东升。朱朝阳在学校是一名学霸，成绩优异，老师非常喜欢他。他的父母在他很小的时候就离异了，母亲在一个旅游景点当工作人员，独自抚养他长大。而父亲重新组建了家庭，并且和新妻子有了一个女儿，只是偶尔会探望一下朱朝阳，对他的关注很少。朱朝阳的母亲对他要求很严格，她认为孩子除了学习之外，其他的事情并不重要。这也养成了朱朝阳内向的性格，他不善于与同学沟通交流，被班上的同学孤立。

　　严良和普普自小就在福利院生活，两人关系很好，也都很重视亲情。这天普普告诉他，她想要凑 30 万给弟弟做心脏手术，因此要离开福利院，在外面想办法凑钱。严良答应了她的请求，决定和她一起离开福利院。严良带着普普去投奔他最好的朋友朱朝阳，而朱朝阳的母亲刚好值班，于是收留了他们。某天，朱朝阳的父亲朱永平来看望他，带他去买了新鞋，路上遇到了现任妻子和女儿。玩闹中女儿朱晶晶踩脏了朱朝阳的新鞋，朱朝阳带着满腔委屈回了家。严良和普普为了安慰他，决定和他一起去六峰山散散心。

第二天，他们带上照相机来到六峰山顶，边录像边唱小白船。当他们回家查看录像时，却看到了数学老师张东升谋杀岳父岳母的画面。思来想去，他们决定利用这个录像带找张东升要钱，以此凑齐普普弟弟的医药费，事成之后再将录像带交给警察。于是朱朝阳给张东升写了警告信，夹在试卷中。另一边，普普去了朱朝阳的学校，找到朱晶晶并警告她不要再欺负朱朝阳。而朱晶晶则爬上窗台上大声哭喊，一口咬定朱朝阳和普普联合起来欺负自己，并声称要告诉父母，让朱朝阳吃不了兜着走。混乱中朱晶晶从窗台跌落不幸丧命，吓坏了普普和朱朝阳。

严良和普普决定回到宁州，而张东升顺着警告信上的字迹找到了朱朝阳的住址，确认了他们手上的证据之后与他们达成交易，并承诺在暑假的时候凑足 30 万给他们。朱永平的妻子通过种种迹象对朱朝阳产生了怀疑，纠缠朱朝阳母子。而后朱永平也委婉地向朱朝阳询问朱晶晶的死因，这让朱朝阳的内心逐渐扭曲。由于张东升与妻子的感情破裂，妻子出轨，决意要跟他离婚，这让他感到愤怒和失望，于是他设计让妻子溺死在水中，并伪装成自杀。

严良和普普被张东升安排住进了他岳父岳母的房子里，通过一段时间的相处，普普对张东升的印象有所改观。朱朝阳害怕严良泄露自己的秘密，设计让张东升发现严良还有一张复制卡的事情，于是张东升对他们失去信任，决定将其一网打尽。绑架了两人，杀死了朱朝阳的父亲，在冷库放火之后逃之夭夭。最后两人在码头帮助警察抓住了张东升。

案例分析

《隐秘的角落》中每个角色都有其鲜明的个性特征，每个人都有善恶面，好和坏没有明确的界定，赤裸裸地展示了人性的特点。它确定的理念是不流于罪恶表面，通过人物情感与成长轨迹来揭示其背后的心理渊源。

故事中的三个孩子从最初的天真无邪到逐渐变得心思深重。尤其是学霸朱朝阳，他的妹妹朱晶晶不幸殒命的背后，究竟存在怎样不为人知的秘密？

难道小孩真的有阴暗面吗？是什么让他们的心理逐渐扭曲？

一、原生家庭中"被控制和忽视的小孩"

剧中的朱朝阳从小学习成绩优异，被大家当成模范生。他的母亲周春红一直叮嘱他学习成绩是最重要的，并不在意他精神世界的发展。开家长会时，老师告诉周春红，她的儿子在学校习惯了独来独往，与其他同学没有什么交流，让家长鼓励孩子多与其他同学接触。周春红显得极其不耐烦，她告诉老师，孩子上学把书读好就够了，其他的事情不用费心。在家里，她要求朱朝阳当着她的面喝下牛奶，朱朝阳表示晚点喝。因为这个小小的举动，周春红愤怒地叫喊，并指责朱朝阳的父亲不负责任，无奈的朱朝阳只能喝下牛奶。就这样，周春红控制着孩子的一言一行，让朱朝阳变成了"扯线木偶"。

周春红是典型的"专制型父母"，即父母强硬地要求子女按照自己的想法去发展，强调规则和惩罚的作用。对子女控制欲很强，要求子女无条件地服从他们的命令，不重视子女自身的需求和想法。这样往往会导致孩子没有主见，或者是以自我为中心。

周春红自始至终都以自己的规则默默地控制着朱朝阳，但这样长大的朱朝阳真的快乐吗？周春红不知道，她也不想知道，她只想满足自己畸形的控制欲，以此来获取心灵的慰藉。与此同时，她也是一个抑郁型的母亲。她反复强调自己抚养朱朝阳是多么的不容易，常常对孩子说："妈妈只有你了。"以此来博取朱朝阳的同情，对他进行情感勒索。其中暗含的意思是，朱朝阳必须听她的话，按照她的想法去做，不然她会崩溃甚至绝望。这让朱朝阳背负了很大的心理压力。他不能忤逆母亲，甚至不敢告诉母亲朋友来家里借宿的事情。无法与母亲进行心与心的沟通，也使得朱朝阳封闭自我，十分内向，一味地沉浸在书本中。

朱朝阳的父亲朱永平属于忽视型的家长，自从与周春红离婚之后，对于朱朝阳的事情知之甚少，也不会主动去了解儿子。连朱朝阳考了第一名的消息还是牌友跟他说的。忽视型父母的典型特征是对孩子漠不关心，一般只会给孩子提供物质上的支持，例如衣食住宿，而不会给孩子提供精神上的帮助。被忽视的孩子往往缺乏安全感，他们对周围的环境极其不信任，更多地会出现适应障碍。在这种环境下长大的朱朝阳只能选择封闭自己，很少表达自己的情感需求，因为他明白，只有乖乖听话，才能获得父母的一些关注。他只能选择好好学习，取得更优异的成绩，以满足母亲的虚荣心。

二、信任危机：变坏的小孩

朱朝阳的原生家庭是不完善的，母亲极端的控制欲和父亲习以为常的忽视让他养成了敏感而内向的性格。许多心理学家认为，个体的心理发展会受到遗传和后天环境的双重影响。朱朝阳的本质并不坏，让他逐渐扭曲的重要原因之一是父亲的偏心与不在意。父亲给他买新鞋庆祝考试成绩的那天，遇到了自己的新妻子和女儿。朱晶晶从小受到父母的宠爱，与朱朝阳的性格截然不同。她蹦蹦跳跳地在朱朝阳的鞋子上踩了一脚，并且拒绝道歉。她的父母并没有因为这件事情严肃地批评她，父亲的新妻子王瑶只是淡淡地说了一句："她不是故意的。"

朱朝阳看着被踩脏的鞋，内心既窘迫不安又愤愤不平。他恨朱晶晶轻而易举地就拥有了父亲的关注和爱，而自己只能得到一些同情和少许关心。也许是从那一刻开始，朱朝阳的内心便埋下了一颗仇恨的种子。后来普普去找朱晶晶对峙的那天，朱晶晶爬上窗台，朱朝阳一开始十分紧张，他大喊着让朱晶晶下来，窗台很危险。而朱晶晶不管不顾，告诉朱朝阳，她会把今天发生的一切告诉爸爸，让爸爸打死朱朝阳。愤怒中的朱晶晶大喊："你不是想跟我抢爸爸吗？你做梦，他只喜欢我，他不会喜欢你的。"

也正是这些话，击溃了朱朝阳的心理防线。于是他选择了袖手旁观，在妹妹从窗台掉落之后，立刻离开了现场，没有选择救她，并对此事避而不谈，这也是朱朝阳变坏的开始。他担心一旦父亲了解此事，会大发雷霆甚至抛弃自己。朱朝阳的内心太渴望爱了，忽视型的父亲或许永远都不会理解，孩子的情感需求是多么的重要。儿童精神病学家唐纳德的研究指出：抚养一个孩子成长为情感健康、可与他人形成健康连接的成人，需要父母给予一定量的情感互动、共情和持续的关注作为养料。当孩子缺乏这种情感连接时，即便他们获得成功，仍然会感到内心空虚。

朱朝阳的成长过程中，缺乏父母情感上的支持与持续性的关注。他虽然成绩优异，是父母眼中的乖孩子，但是内心荒芜。后来严良见到他时也非常吃惊地察觉到，他变得越来越沉默寡言了。而真正让朱朝阳走向极端的是父亲的反复试探和不信任。妻子王瑶抓住了一些蛛丝马迹后就开始四处造谣，声称是朱朝阳和他的母亲杀死了朱晶晶，在朱朝阳楼下贴他是杀人凶手的小广告，放学后堵住朱朝阳的去路，连声质问他。她的怪异举动加深了朱永平对朱朝阳的怀疑，于是他约了儿子出来吃饭，却带上了录音笔。

满心欢喜的朱朝阳以为父亲回心转意，想要修复父子关系，直到他在父亲的包里发现了那支录音笔，一时间诧异和失望占据了他的心。他知道父亲不信任他，于是带着父亲回忆起之前他们共同生活的点点滴滴，借此迅速转换话题。可以说，是朱永平的猜疑和试探加剧了朱朝阳"变坏"的程度。即便在朱晶晶死后，父亲仍然不能全心全意地爱自己，甚至设计引诱自己讲出事实，这对于任何一个孩子来说，都是无法接受的。朱朝阳很聪明，他选择了伪装自己，心里隐藏的情绪不被他人发觉，直至爆发。

没有天生的"坏小孩"，父母的忽视和不信任才是让孩子跌入万丈深渊的导火索。

三、渴求同伴的认同

朱朝阳是孤独的，母亲周春花只关注他的成绩，对孩子在学校被孤立的事实置之不理。他缺乏情绪的宣泄口，也无人诉说，于是不得不将自己封闭起来。后来严良和普普来找他帮忙的时候，他并未拒绝二人的请求，也没有将这件事告诉母亲。这足以说明，朱朝阳需要获得同辈团体的认同。所谓同辈团体是指在社会化过程中尚未成熟的个体联合而成的特定的社会心理团体，其在个体年龄上没有严格的限制。由于同辈团体是在平等的基础上自由选择而成的，在团体中的交流与合作能够在很大程度上满足儿童民主、平等、相互尊重、展现自我以及兴趣等心理需要，对个体有很强的吸引力，同时也会对儿童的道德发展和个人成长产生重要影响。

朱朝阳需要朋友们的关心，这对处于孤独困境中的他而言，是救命稻草，也是情绪的宣泄途径。严良和普普决定用张东升杀人的录像来挟他给出30万，这是犯法的行为，显然也是违背道德的。但朱朝阳最终答应了严良的请求，并决定和朋友们一起完成这件事。于是他写了警告信给张东升，并约他见面完成30万的交易。这足以说明，朱朝阳非常珍惜他和普普以及严良之间的友谊，即便是他认为这些做法不妥，也没有制止朋友们。三个涉世未深的孩子，缺乏父母的教育和指导，他们不明白怎么处理事情才是正确的，依照着自己的想法越走越远，三观也逐渐扭曲。

和周春花的预想不同，孩子们在成长过程中的同伴关系是至关重要的。同伴之间的交往能够促进个体能力的发展，包括个体相互协作的能力，友好沟通的能力以及相互分享的能力。与此同时，同伴交往也有助于个体形成积极的情感，避免陷入自我封闭的窘境。当孩子能够与周围的朋友和睦相处时，会感到身心愉悦、轻松，更能够集中精力去参加各种活动。周春花担心朱朝阳交到坏朋友会影响学习，这也不无道理。有研究表明，与问题较多的同伴交往，会增加青少年出现相应问题的概率，严重的会引起犯罪。但这不能成为不让孩子交朋友的理由，好的同伴关系带来的益处更多。

最开始的朱朝阳自我封闭，孤僻且难以接近。严良和普普闯进了他的世界，他开始敞开心扉，与他们共同度过了一段快乐的日子。受到父亲忽视和猜疑的朱朝阳，对这个世界逐渐失望，不再反复地寻求他人的认同，而是为了自己的利益不惜一切，甚至可以出卖最好的朋友。人性是琢磨不透的，小孩的"变坏"也不是毫无预兆。

四、当你凝视深渊时，深渊也在凝视你

在这部电视剧中，除了三个小孩，还有一个很重要的人物，就是张东升。一个中年数学老师，为了跟妻子在一起生活，背井离乡来到妻子的城市，忍受着岳父岳母长时间的言语羞辱，拿着微薄的工资勉强生活。然而，他的妻子逐渐对他冷淡，被他发现有外遇后，提出要跟他离婚。他苦苦哀求，对妻子百依百顺，费尽心思讨好岳父岳母，终究是无力回天。于是，他决定杀死岳父岳母，好让伤心难过的妻子再也无法离开自己。这天他约了两位老人爬山，在设计推他们下山之前，张东升淡淡地问了一句："您看我还有机会吗？"他在内心恳求这件事还有转圜的余地。然而二老没给他机会，劝他放手，让自己的女儿开始新的生活。最后一点希望也破灭了，张东升彻底死心了，他假借拍照的名义把两位老人推下山。出手的那一刻他有后悔过吗？也许有吧，但他的理性终究被愤怒吞噬，走向万劫不复的境地。

这是一种损失规避的心理，也就是对于相同的一种东西，人们感觉到失去的痛苦远远大于得到的快乐，因此人们更倾向于规避损失，以避免感受更多的痛苦。在与他人的交流过程中，张东升说："你们有没有特别害怕失去的东西？有时候为了这些东西，我们会做我们不愿意做的事情。"这种心理是可怕的，生活不会事事如意，面对失去，或许我们应该洒脱一点，选择坦然接受。

除此之外，值得注意的是张东升的自卑情结。阿德勒指出：自卑情结是指当一个人面对一个他无法适当应付的问题时，他表示绝对无法解决这个问题，这时出现的就是自卑情结。在产生自卑感之后，个人就想通过争取权利或变得更为有力量以补偿机体之不足。张东升是无比自卑的，妻子是一名医生，收入稳定。而自己只是一个少年宫的代课老师，没有正式的编制，压力大且收入低。作为男人，他在这段婚姻中处于劣势。亲戚们一起吃饭时提到了他的工作，认为这根本算不上男人的事业，连送礼的红包

都要妻子偷偷塞给他，可见张东升生活的窘迫。他对妻子说："我只有你了，只要你不离开我，我什么都能接受。"这一刻他放弃了男人的尊严，也没能成功地挽救婚姻。忍无可忍的张东升，偷偷换掉了妻子喝的药，最终导致妻子游泳时溺水而亡。仇恨的种子一旦萌芽，便不会停止生长。

他本以为自己杀人的计划天衣无缝，然而他没有想到，那三个游玩的小孩无意间记录了他的谋杀。出人意料的，他收到了警告信。他对三个孩子的情感很复杂，一开始遇到三个小孩是极度震惊和恐慌，后来他阴差阳错地收留了普普和严良。有那么一瞬间，他也被普普的纯真和可爱打动，把她当成是自己的女儿，带她去吃快餐。普普说："他虽然杀人了，可是他也救了朝阳哥哥和我弟弟，罪犯永远都是罪犯吗？"这一段话被他听到了，他难过，但不后悔。他清楚地知道人生不会再重来，于是只能想尽办法来抹杀自己的罪证。

在得知有复制卡的事情之后，张东升彻底黑化了，他认为小孩子并不总是单纯可爱的，他们有时也是面目可憎的；他们的行为并不总是天真无知的，有时也充满了奸诈和挑衅。这个观点和荀子的性恶论极其相似，他认为人的本性中不存在道德和理智，如听任本能而不加节制，必将产生暴力，需要后天的教育和指导才能够让人变得善良。他不再对孩子们宽容了，改变了卖房子凑30万给普普弟弟治病的想法，张东升决定将他们一网打尽。

他选择让朱朝阳变成和自己一样的人，他太清楚朱朝阳想要什么了。他告诉朱朝阳："相信一个人，是要付出代价的。"他明白，朱晶晶的死并不简单，朱朝阳也不想被其他人泄露自己的秘密，包括自己最要好的朋友。于是他一次又一次地挑拨朱朝阳和严良之间的关系，让朱朝阳下定决心舍弃严良。这足以说明，孩子的行为一定程度上是对成人的模仿，孩子们的行差踏错确实与害怕失去息息相关，但是表象之下有更深层次的心理渊源，内心的隐秘角落是阴暗还是阳光，决定着孩子们的行为选择。内心缺乏关爱和沟通，成长路途中缺乏正确的向导，犯错是必然趋势。

五、你可以相信童话：接受生活的不幸

故事的结尾，张东升被捕，他对朱朝阳说："你可以相信童话。"他的人生彻底完了，但是朱朝阳的人生才刚刚开始。他恨这三个小孩毁了他的生活，但在最后那一刻，他放下了，告诉朱朝阳不要重蹈覆辙，保持一颗纯真的心。

面对生活中不被他人理解的痛苦，原生家庭的不幸，突如其来的挫折，坦然接受也是一种人生态度。阿尔伯特·艾利斯和黛比·约菲·艾利斯提出了理性情绪行为治疗的概念，即无条件接受自我，无条件接受他人，无条件接受生活的理念。他把人的情绪分为两种，理性的情绪和非理性的情绪，当人在面临挫折和难题时，可能会悲伤、失望、痛苦，这些都是正常的感受。如果出现长时间的焦虑和抑郁的情绪，就会不可避免地走向极端。剧中的朱朝阳既无法接受父亲偏心的事实，也无法摆脱母亲变态的控制欲。一开始他选择压抑自己，逃避现实，但他逐渐无法控制自己的情绪，迫切希望得到父亲全部的关注。为此他不惜欺骗父亲，设计陷害朋友，步步为营，最后变成第二个张东升。当出现极端情绪和理念时，个体应该尝试放弃不合理的要求，学会接受现实，拥抱自己。你可以相信童话世界的美好，也可以让现实和童话世界一样美好，如何对待这一切，取决于个体的心态。

可以说，朱朝阳的隐秘角落是缺爱，他太渴望得到关注和爱了，父母的做法扼杀了他的精神需求，让他感到日复一日的孤独和绝望。张东升的隐秘角落是自尊，旁人的轻视让他走向极端，接二连三地杀害周边的人，以掩饰自己的罪行。严良和普普的隐秘角落是自私，他们为了自己的亲人，可以罔顾法律，知道张东升的杀人行为之后，没有第一时间选择报警，间接造成了后来的悲剧。

人性是复杂的，每个人或许都有一个隐秘的角落不为人知。在这里，我们可以选择拥抱自己，接受自己，从容面对生活的难题。

（周　祎）

○ 第二编

青少年心理个案分析

第一部分　理论篇

联合国儿童基金会和世界卫生组织 2019 年曾联合发布的一组数据表明：全球 10—19 岁青少年共 12 亿，其中约 20% 存在心理健康问题；该群体遭受的疾病和伤害中，约 16% 由心理健康问题引发；在发展中国家，该群体中约 15% 曾有过自杀念头；此外，在 15 至 19 岁的青少年群体中，自杀已成为第二大死亡原因。世界卫生组织也在 2021 年 9 月发布《青少年心理健康促进和预防干预指南：帮助青少年茁壮成长》，该文件指出青少年的心理健康问题在全球疾病中占比较大，且高达 50% 的心理健康问题在 14 岁之前就开始出现。

青少年阶段最典型的问题就是青春期问题。青春期是个体从幼年到成年的关键阶段。对于青春期年龄段的划定，世界卫生组织（WHO）认为青春期为 10—20 岁这一阶段，一般女孩的青春期是 12—18 岁，男孩的青春期为 14—20 岁。进入青春期的男孩、女孩在生理迅速发育的同时，心理上也发生了许多奇妙的变化。但是在此阶段心理发展成熟程度却往往跟不上生理发育的速度，因此青春期的孩子普遍存在身心发展不平衡的特点（童小婷，2018）。此时的孩子介于成熟和半成熟之间，存在诸多矛盾，而这些矛盾又会给孩子们带来心理和行为上的变化。在这一篇章中，我们将详细地认识这些发生在青少年阶段复杂的变化，包括青春期孩子的心理发展规律，青春期常见的心理问题以及如何对青少年这一群体进行心理咨询与治疗。

第一节　青少年的心理发展

一、青春期孩子的身心发展规律

（一）生理特点

1. 发育年龄界线

男孩和女孩的青春期到来的时间并不相同，女孩要早一些，一般是在9—13岁，平均是在12岁左右来月经，大约半年左右骨骺线便会闭合；男孩青春期的到来时间是在11—15岁之间。无论男女，出现发育提前或落后一年的情况都属于正常现象；一旦超过两年需要谨慎对待，可以适当采取相应的措施来干预；如果超过三年，可能是因为身体患病，这种情况较为严重，切不可盲目处理，而是要尽早就医。

2. 肾上腺功能初现

肾上腺功能初现指的是6—8岁左右肾上腺开始分泌肾上腺雄激素，并逐渐增加分泌量。多数孩子是发生在7岁左右，性腺轴可以提前1—2年启动，并有乳房发育的表现。但这一时期的乳房发育与真正的乳房发育有较大区别，多半是一过性的，不会有相应的进展。

3. 呈波浪式发展

青春期除了身高和体重会增长之外，人体各个器官组织结构都能得到很大的改善，功能也相应地增强。只是每个孩子的生长发育速度并不一样，主要受性别和年龄等因素的影响。在突增阶段，身高平均每年可增长7—10厘米，男孩长得比较快，所以到青春期结束，身高整体可以长高25—30厘米，女孩一般可长高20—25厘米，但具体的发育情况存在个体化差异。

4. 发育过程具有顺序性

青春期是人体发育的最后一个时期，这一时期的发育也具有一定的顺序性，需要经历三个时期，分别是发育早期、发育中期以及发育晚期，各个部位的发育时间也会遵循一定的顺序。比如身体形态发育是先四肢，后躯干，遵循自下而上、自远端到躯干的向心性发展规律。四肢要比躯干发育早，而下肢则比上肢发育得更早。

5. 发育过程具有不平衡性

进入青春期后，发育过程会出现不平衡性，但在某些方面又能统一协调。青春期除了神经系统和淋巴系统之外，大部分的器官发育都会出现二次生长突增，尤其是生殖系统。青春期生殖系统的生长是突飞猛进的，整体的改变非常大，比如男孩的阴茎和睾丸会在短时间内增大。虽然说发育过程存在不平衡性，但是每个系统之间是可以互相制约和促进的，由此可见，这些系统之间的发育具有统一协调性。

青春期是个体从幼年向成年的转型期，是身体、心理发育的关键时期。人的发展有两个高峰期，一个是婴儿期，一个就是青春期。

青春期的生理变化可能会让青少年感到焦虑和抑郁，这些十几岁的孩子们也许会为他们不完美的体型担忧和烦恼，从而盲目地选择节食、减肥，进而引起厌食等症状。有些女孩会因为体型的改变而限制自己的行动，有些男孩会因为身体素质的提升而变得更加向往从事危险的活动，从而导致意外（黄希庭等，2002）。

（二）心理特点

1. 青少年认知的发展规律

这一阶段青少年认知的随意性增强，其主要表现在认知过程不完全以刺激物的特点为转移，而是依存于任务，受意识的支配调节。尤其是进入中学以后，由于完成繁重的学习任务的需要与认识随意性的矛盾促使认知随意性逐渐增强。知觉的目的性和计划性增强，能对事物进行全面、细致的知觉，因此记忆的效果远比儿童期显著。此外在这个阶段一般还能对自身的思维过程进行再思考，表现出思维的自觉性。基于以上特点，青少年时期的认知活动逐渐成为依存于任务的、受意识支配的具有随意性的心理活动。

进入高中阶段以后，由于学习内容经常需要抽象、概括思维，使他们的思维由经验型向理论型过渡，并能用理论做指导来分析综合、归纳演绎，使思维具有更高的抽象性，并开始形成辩证逻辑思维。

2. 青少年个性的发展规律

个性是稳定的心理特征，但也具有一定的可变性。人的个性特征不是天生的，而是人在后天的社会环境中，经过长期的社会实践活动的锻炼逐渐形成的（梅亚，1995）。

青少年时期是个性形成的时期。从少年到青年，个性逐步形成。到青年期，可以说个性已经形成，并有相对的稳定性（林崇德等，2005）。

青年期是个性日益稳定并趋于基本定型的阶段。在这个阶段人生观、世界观基本形成，个性特征日趋定型，情绪特征也进入相对稳定的阶段。从性格的理智特征来看，由于思维能力的成熟，青年人能独立地、较全面地和深刻地分析问题，故而在性格上表现出喜欢怀疑、探索、猎奇、争论和容易接受新鲜事物，行事显示出谨慎和稳重的特点。除此之外，青年对现实态度的性格特征也日趋成熟。

随着社会环境的变迁，青少年实践活动的变化，必然会引起他们认识活动的变化、情感体验的变化和行为方式的变化，这些都可能在一定程度上影响青少年个性的发展变化。不过，变化了的个性心理特征，仍然具有相对的稳定性，具有成熟的特征（姚月红，2005）。

3. 青少年情感的发展规律

情感是人对客观事物是否符合自己的需要而产生的切身体会。青少年时期由于生活范围扩大，活动内容丰富，需要变得复杂而多样，而与情感密切相关的认识虽已获得发展，但知识经验还不够丰富。所以，青少年情感既具有儿童的外倾特征，又具有成年人的内隐性特征，常表现为情感动荡不定，具有冲动性，波动幅度较大，情感体验容易从一个极端走向另一个极端。

个体在涉世之初，对各方面的认知都不甚清楚。随着个体的成长和发育，他们对周围接触的环境和事物逐渐有了自己的认识和理解，开始有

"违背"大人要求的叛逆行为，有自我独立、自我反省的心理倾向。这是处于青春期的正常行为，也是青少年的"心理断乳期"（雍那等，2017）。

他们在精神上希望得到父母和老师的支持，在物质上依赖父母，从而形成独立与依赖的矛盾。在心理上开始体验到成人感，相较于儿童时期更不愿吐露自己的心声，当自我意识提高时，他们与家长之间的关系就会变得疏远，不愿意被别人干涉，但同时也想被别人了解，这就导致了青少年个性矛盾的封闭和开放性。

这一阶段，个体可能会受到自我概念的困扰，从而认真地思考"我是谁"这一问题。青少年会体验到角色同一性和角色混乱的冲突。角色认同是指个体在心理上的自我与在别人心中的形象的一致性，而角色冲突是指个体的心理状态与别人对自己的看法相矛盾。如果父母和老师帮助青少年获得角色同一性，即获得积极的自我形象，个体就会对未来充满自信和憧憬。反之，如果青少年对自我形象认知存在困惑，不清楚未来想要成为什么样的人，那么个体就会对未来心生迷茫。

总之，青春期是一个人由不成熟向成熟转变的过程，这个过程伴随着身体的生长和心理的发展与改变。很多青少年都对性有更多的认识，这时候家长要有科学的认识，正确引导青少年认识性，建立正确的性观念。与此同时，处于心理断乳期的青少年易受挫，产生焦虑、抑郁情绪，父母和老师更应该给予青少年精神上的支持和鼓励，帮助他们顺利度过"青春期危机"。

二、青春期情绪风暴

前述提到，青春期是青少年身体和心理发生急剧变化的阶段，是一个生命发展阶段中最积极、最关键的阶段，也是一个具有高度可塑性的阶段。内分泌的发展导致青少年体内的变化剧增，表现出与成年人完全不同的生理和心理特点。

生理和心理的双重巨变极大地影响了青少年的情绪，这一阶段的青少年充满活力，但时常受到狂风暴雨的侵袭。对于青少年而言，认知水平与情绪发展的不平衡，导致青春期的情绪易于波动且较为脆弱（严霞等，2009）。在一时的冲动下，他们会做出一些他们自己都想不明白的事情，乃至于后悔终生。

心理学家戈特将青春期称为"疾风怒涛时期"，这一时期情绪发展的主要特点有以下几个：

1. 强烈、狂暴与温和、细腻共存

青少年的情绪有时表现为十分狂暴。例如，在幼年期，父母对孩子的某句话引起的只是孩子们的不理解和短暂的情绪化反应，但是对于同样的刺激，青少年期的孩子可能会和父母歇斯底里地反抗甚至大吼大叫，抗争到底，这种情绪体现出强烈、狂暴的特点。但是，同样在这个阶段的孩子身上也体现出情绪的温和性。由于他们已经积累了比较丰富的经验，这个时期的孩子明白以不同情绪对待不同事物时产生的后果，对自己的情绪有一定的掌控能力。例如，在幼年时期，当他们感到内在需求未被满足时会大哭或者打滚，但是到了青少年期，孩子们会通过更加理智、平和的方式去争取自我的需求，例如，用沟通、讲道理的方式向外界表达自我。

随着他们思维逻辑的成熟发展，面对不同事物时他们的思维联想空间更加广阔，他们会结合自身的实际经验和学习到的内容更加细致地看待事物和身边的人。例如，当他们阅读某一部非常喜欢的人物小说时，他们可能会给人物的故事增设书本描述以外的剧情，通过主观思考和遐想为人物设置更加细腻的性格和内在心理活动等。

2. 情绪的可变性与稳定性共存

情绪本身具有不稳定性，在青少年期，情绪的该种属性体现得更加明显，而且情绪变化的频率较其他发展阶段更高。例如，有些青少年因为看到自己这次考试没有得到优秀就非常难过，陷入深深的烦闷之中。但是可能过了十几分钟，老师在课堂上表扬自己作业完成质量高，其情绪瞬间就会从低沉转变为积极，内心感到非常愉悦和欢喜。

与此同时，青少年期的情绪又存在较高的稳定性，这主要指青少年情绪的顽固性。例如某位处在青春期的少年非常希望加入学校的吉他社团，但是由于自己缺少音乐基础多次被社团拒绝，该少年可能会长时间陷入被拒绝的痛苦和困惑当中不能自拔。这种情绪不易被其他情绪所替代，表现出较高的稳定性。

3. 内向性和表现性共存

青少年期的个体倾向于掩饰自我的情绪，喜怒不形于色。有时明明很欢乐的场景，他们却表现出低落、沉闷的表情；当有人和他们交流沟通时，他们可能不会表露太多自己真实的情感状态。这一时期个体的情绪内向性和他们内在倾向封闭的心理冲突有关（漆明龙，1994）。

但是，由于青少年对情绪的驾驭能力已经比较强，他们表现出的情绪有时带有表演、夸张的痕迹，在旁人看来并不是自然、真实的流露，甚至有一些造作的感觉，这就是他们情绪的表现性特点。例如，某位青少年在一次比赛中获得了冠军，表现出超出情境的激动和喜悦之情，体现了这一阶段个体情绪发展的表现性。

三、青春期常见的心理问题

处在青春期的青少年容易出现身体形象问题、叛逆心理、异性交往问题、性的困扰、网络成瘾和厌学心理等问题（赵欣，2009；曾文星，1988）。

（一）身体形象问题

身体形象问题是一个人对自己的身体形象感到不满或失望而引起的过分关注，它可以是对外表、身高或生殖器的关注（蒋利荣，2016）。造成身体形象问题的原因有以下几个：

1. 强烈的自我意识

青春期自我意识的发展是通过一个人对自己身体状况的认识和体验来强调的。青春期是一个人对身高、体重、外貌和体型的意识和感觉最强烈和敏感的时期。年轻人更注重自己的外表，希望受到表扬，许多人担心自己的外表并想改变它（谷松，2004）。人们喜欢美，这一点在青春期尤为明显。

2.认知能力不足

认知能力，尤其是思考能力，在青春期迅速增长。他们的思维是有逻辑的、独立的和创造性的，但同时也是片面的和肤浅的。这种片面的态度反映在他们对人和事的态度上，他们思维的肤浅则表现在这样一个事实上：在分析问题时，他们经常受到事物的外部特征的干扰，难以理解事物的内容，他们的判断能力仍然相对较弱，容易被外部因素所欺骗，从而造成对身体形象的偏见，这使得他们难以接受自己的身体形象，并导致身体形象的问题（李玉英，2000）。

3.社会文化因素

身体意象是一个人对自己身体的感知和欣赏，由社会文化决定，并受重要他人的影响。在当今社会，高度发达的信息和媒体使得社会文化在塑造人们身体形象方面的作用变得更加重要。电视广告、杂志封面和电影信息不断反映人们对身体美的理解，媒体的强大作用导致人们的审美标准显著趋同（孙凌波，2007）。青春期是人体形象形成的重要时期。在社会和文化角色取向的影响下，青少年根据普遍接受的审美标准衡量自己的身体变化，并希望改变或消除与其不符的身体部位。如果这种负面的审美已经形成，它会对人产生负面影响，并引起对身体形象的过度关注。

（二）叛逆心理

叛逆心理是一种对事物的特殊态度，是对与社会常态和准则要求相反的情绪和行为意图。在成长过程中，由于其固有的思维模式或不同的感知特征，这种态度与认知信息相反，并偏离一般规范。叛逆心理的三个主要组成部分是认知、情感和行为意图。认知成分是指对反叛对象的感知、理解和评价；情感成分是指对反叛对象的抗拒，即人们对反叛对象感到厌恶或厌恶；行为意图是指对反叛对象的预期行为，即准备反抗行为（任涛等，2006）。青少年中存在叛逆心理有几个原因。

1. 思维的发展

在青春期，人的大脑正在成熟，思维的分析作用开始越来越明显。在认知发展的过程中，年轻人的独立思维和批判性思维有了一定程度的发展，但他们还不够成熟，缺乏社会经验使他们容易出现单边主义、激进主义和固执等，这可能导致叛逆心理（李重阳等，2006）。

2. 更强的独立感

从某种程度上讲，中学生的叛逆是他们自信的表现，他们自信的增强表现为独立感的增强（陈国明，2008）。他们非常想享受自己的独立，他们觉得父母的照顾阻碍了他们的独立，觉得老师的指导和教育限制了他们的发展；他们希望成年人尊重他们，倾向于不同程度地拒绝任何外部力量，以实现心理独立。

3. 家庭因素

家庭教育不足和家庭环境恶劣是青少年叛逆的主要原因。一些父母使用简单、残酷和武断的教养方式，损害了孩子的自尊；家长对孩子的期望太高，迫使他们学习这个和那个，无视他们的兴趣，这使他们感到无法逃离家长的控制；家长抑制孩子们的好奇心，对孩子要求太严格，这会不自觉地给孩子带来心理压力，如果这种压力持续下去，无法缓解，他们就会变得情绪化，进而导致叛逆心理（赵绍友，2007）。一些家庭中，亲子关系很糟糕，父母与孩子缺少沟通，很少照顾孩子，使孩子缺乏温暖和安全；一些父母过分保护孩子，过于接受他们的思想和行为，对孩子的愿望全然满足，导致以自我为中心的孩子无法倾听他人的意见，这也可能导致叛逆（刘新庚等，2013）。

4. 教师因素

教师在教育工作中的某些活动是学生叛逆的直接原因。

（1）消极的态度。这是对青少年能力、成就、抱负等负面的或有辱人格的反应。例如，缺乏满足学生不同需求的主动性，不重视他们的合理意见，忽视他们的内心感受等。这种态度往往迫使学生形成叛逆的态度（马国田等，2007）。

（2）单方面的评估。对青少年来说，公平公正且全方面的评估十分具有必要性。如果教师过分强调成绩并且用成绩单方面评估学生的全部能力，而不是客观地评估学生的能力和成就，就会使学生情绪化和叛逆。此外，单调的教学和领导风格、过度的压迫以及苛刻的教育态度都是容易导致青少年出现叛逆态度的原因（梁志坤，2013）。

（三）异性交往问题——"早恋问题"

"早恋"是指在生活和经济能力还没有完全独立的青少年之间，以及尚未达到结婚年龄的青少年之间的恋爱行为。

异性青少年之间的交流是一种本能的吸引，青少年之间朦胧的爱意如何发展往往取决于成年人的指导（韩玥，2012）。"年轻的爱情就像手中的纸蝴蝶，遇风时会飞走，遇雨时会下沉，遇火时会燃烧。"作为老师和家长，不正确的引导可能导致早恋，但正确的引导也可以重拾友谊。因此我们需要区分一般异性接触和"早恋"，尊重年轻人的感情并给予积极的引导（康成，2004）。

青少年早恋行为的常见原因如下：

1. 性意识提高

在青春期，下丘脑－垂体－性腺系统分泌各种激素，生殖器迅速发育和成熟，性意识觉醒导致他们对异性充满了好奇与探索欲（邱丽娜，2010）。

2. 对爱和归属感的心理需求

这是高中生坠入爱河的一个重要的心理原因。年轻人对归属感和爱的需求表现为对友谊和亲情的强烈渴望、与异性交流的渴望以及对群体的归属感的渴望。缺乏爱是早恋的原因之一。有些父母工作太忙或在孩子的成长过程中长时间缺勤，把孩子交给他人照顾，致使孩子的情感需求得不到满足；不当、野蛮和专横的育儿方法会导致青少年对家庭产生不满（刘凤英，2007）。如果学生渴望得到爱的心理需求得不到满足，他们会向家庭以外的异性朋友寻求慰藉，寻求心理补偿。

3. 好奇和模仿的从众心理

青少年在青春期有很强的好奇心，他们喜欢学习和观察事物，对所有未知领域感到好奇，并通过自己动手或模仿来满足其好奇心。当他们在小说中看到如此美丽的爱情故事时，他们会变得好奇，并且试图找到一种体验它们的方式。

此外，书籍、杂志、互联网等媒体中不健康的性内容对思维分析能力相对薄弱的青少年产生了负面影响；大量的电影和电视节目为他们提供了许多生动的、具有感染力的爱的例子，成为青少年之间爱情的催化剂（罗凤雏，2005）。

（四）性的困扰

性是一个广义的术语，包括生物性（如性别）、心理性（如性心理）、社会性（如性别角色）等。性心理是一个人对性和性相关现象的看法、经历和态度。

随着性生理的成熟，青少年的性健康意识开始觉醒，他们的性心理迅速发展。青少年中最常见的性烦恼是对性生理的困扰，如女孩的月经烦恼和男孩的遗精焦虑；性欲、性幻想和性敏感等心理问题；以及手淫困扰等（董金平，2000）。青春期产生性困扰的原因如下：

1. 缺乏相对的性知识

由于缺乏必要的性生理学知识，对性心理发育的特征和规律所知甚少，非常正常的心理和生理变化被认为是异常的，这会导致青少年产生焦虑、恐惧的情绪并且对自己做出负面的评价。

2. 性罪恶的观点

在几千年的封建思想的影响下，人们心中并没有消除性是罪恶的和性是可耻的观念，加上家庭和学校的性教育不足，一些青少年对性仍然存在误解。

3. 性压抑

人为地压制一个人合理的性需求，认为这是不好的，并在焦虑、矛盾和困惑中长时间地抑制性的需求，随着时间的推移会导致心理失衡，这与正常的人类心理发展规律是背道而驰的。通过了解青少年常见的心理问题及其原因，可以指导青少年的性心理健康教育，这对中学生的健康成长非常有益。

（五）网络成瘾

国家卫生健康委员会日前发布《中国青少年健康教育核心信息及释义（2018 版）》对网络成瘾的定义及其诊断标准进行了明确界定：指在无成瘾物质作用下对互联网使用冲动的失控行为，表现为过度使用互联网后导致明显的学业、职业和社会功能损伤。持续时间是诊断网络成瘾障碍的重要标准，因为这种行为通常持续至少 12 个月才能确诊。统计数据显示，全球青少年过度依赖互联网的比例为 6%，而我国这一比例几乎为 10%（高婷婷，2020）。

网络成瘾不应简单地定义为一种疾病。年轻人过度使用互联网往往与家庭、学校和儿童本身的其他问题有关，需要多方共同努力来纠正和解决这一问题。

青少年沉迷于互联网的原因主要有以下几方面：

1. 家庭原因

（1）不当的教养方式。例如，父母对孩子的期望过于片面，考试取得好成绩成为孩子成就感的唯一来源，但获得高分往往需要付出巨大的努力。然而在互联网上，他们很容易取得成功——他们通过每一次升级获得"奖励"——他们沉溺于现实生活中难以体验的成就感（潘韦瑜，2007）。

（2）父母设定的目标不适合他们的孩子。父母在成长过程承担了太多本不属于他们的责任，比如让孩子去到一所好学校，为孩子找到一个好班级、一位好的班主任等等。因此，在这种情况下，孩子会认为，学习是父母的学习，是父母内心的担忧，包括未来的工作，当他们无法达到当下的目标时，只需要让父母为其解决即可，因此他们没有内在的学习动机。这些孩子对互联网的痴迷主要是因为他们没有形成正确的学习观念。

（3）家庭关系中的不和谐。随着离婚和犯罪等社会问题的日益严重，社会上"麻烦家庭"的数量不断增加，这些孩子在家里往往不受欢迎。但在互联网上，每一个小小的需求都能得到很大的帮助。现实生活和虚拟网络之间的对比使得"麻烦家庭"中的孩子更倾向于在网上"隐藏"他们（乔凤杰，2007）。

2. 自身原因

（1）孤独。如今，大多数青少年都是独生子女。学校教育注重智力而非道德，注重成绩而非能力，这会让孩子们对学习感到紧张和压力；在独生子女没有兄弟姐妹的家庭里，他们感到孤独，最重要的是，他们想与同龄人进行心理交流，以缓解内心的压力，释放他们的忧虑、孤独和痛苦（卢彩兰，2010）。在互联网上，孩子们可以根据自己的需要、喜好和愿望来扮演一个令人满意的角色，现实生活中的不足亦可以通过在互联网上创建的虚拟角色来弥补（焦君华，2008）。

（2）逃避。人的生活总是有起起落落，事情难免会有发展得不如预期的时候。当一个十几岁的孩子经历起伏时，他会产生极其强烈的好胜心，想要得到别人的认可。然后，他可能决定不与其他人互动，包括朋友、老师、学生或家人，而转向一个完全不同的环境——互联网，在那里，没有人知道他们的真实身份，他们可以自由地说话。换言之，互联网对他来说成了一个工具，他可以通过它畅所欲言，并在那里寻求理解和帮助。

（3）好奇心。青少年都很好奇，他们识别和接受新事物的能力很强。今天，许多最新的观念、发展和消息都在网上进行传播，首先便吸引年轻人的注意力，其次才在整个社会面进行广泛传播。因此，一些年轻人想跟上最新的潮流，想成为潮流的导向，出于好奇和虚荣，他们开始进入互联网。如果对他们管理不当，便可能会导致其网络成瘾。

（4）青少年的心理特征。网络成瘾的一个重要的原因是青少年的心理特征变化，他们在生理上变得成熟，相信自己在心理上也是"成年人"，应该能够分辨是非，这也适用于互联网。在一些青少年看来，教师的说教和父母的劝说是幼稚的，他们认为自己是成年人，觉得自己拥有不会逝去的大把时间。另一些人虽然承认网络成瘾不是一件好事，会影响他们的学习和进一步发展，但仍选择逃避这一正确的认知，因为他们认为自己已经浪费了很长的学习时间，而且他们无法补救（乔凤杰，2007）。

3. 网络本身的吸引力

（1）互联网聊天。这是年轻人身体和心理发展的机会，使他们能够在平等的基础上与人交流，满足他们的心理需求。

（2）在线游戏。游戏的诱惑是不可抗拒的。网络游戏是一个虚拟的领域，可以满足孩子们的幻想，比如成名或体验不同的人生。

（3）网络小说。我们不排除有一些写得很好的小说能够超越历史空间的界限，打破道德和现实的链条，吸引每个人的注意力。但网络小说很容易让青少年上瘾，通俗的文字和投其所好的剧情让青少年时常沉溺其中。

（4）网络色情。网络色情信息泛滥，对年轻人影响大，毒害深，甚至导致犯罪。据不完全统计，每秒钟就有28258人在观看色情网站。帮助孩子抵制网络色情迫在眉睫。

（六）厌学心理

厌学心理是青少年中最常见的心理障碍之一（侯芳，2013）。厌学心理是一种行为反应模式，在这种模式下，学生对学习持消极态度，主要表现为学习感知偏差，对学习持消极情绪，在行为上主动避免学习。厌学的学生的学习目标往往不明确，他们对学习失去兴趣，不认真听课，不做作业，不参加体育活动，害怕考试，甚至讨厌书，讨厌老师，讨厌学校，严重的会产生学习困难，如头晕、头痛、恶心和呕吐、腹痛、尿频、食欲下降、睡眠不足、易怒甚至出现抑郁、焦虑、强迫症等神经症状（张双东，2011）。厌学心理对青少年的身心健康极其有害。

产生厌学心理的主要原因如下：

（1）由于青少年的生理和心理发育不成熟以及学校和家长的过度压力，青少年产生了一系列情绪和行为变化。尤其在严苛的应试教育中，成绩的压力随着青少年学生缺乏时间、缺乏自由空间而蔓延，导致他们不愿与家长沟通，将所有烦恼和苦闷压抑在内心中，导致内向且缺乏注意力，从而引发厌学心理（吕雄，1997）。

（2）在严重焦虑的情况下，很容易发生强迫症。例如，不自觉地思考和做某些事情，知道你不必去想它们，但就是无法控制自己，无法摆脱它们。即使强制让自己关注当下的事情，也会让人分心，无法集中注意力。有时明明是你会主动做的事情，却没有任何主动性，好像你被自己的思想控制，感到困惑和茫然。

（3）抑郁症是青春期最重要的情绪问题之一。在童年时期到成年时期，是抑郁的第一个高发期，许多孩子都产生过消极的情绪，甚至出现自伤自杀行为。由于许多家长和教师并不知道孩子们的性情变化，并且一味地注重提高成绩，这导致了一个事实，即孩子们不再那么善于表达，在心理上变得极端矛盾，甚至抑郁，更不用说产生厌学心理了（任胜涛，2016）。

（4）青春期的心理性冲突。研究发现，厌学心理的发生与青少年刚刚迈入青春期有关，当女孩出现月经初潮和男孩第一次遗精时，由于神经、内分泌系统的作用，他们的警惕性有所提高，对学校的恐惧实际上是出于某种保护机制，通过停止学习行为来缓解"不知道该怎么办"的性心理压力（史斌等，2006）。此外，当今的孩子一般都很早熟，他们对异性的欲望出现得很早，通常15—19岁是他们对异性欲望的高峰期。

（5）青少年自己也可能因学习目标不明确、缺乏动机或学习方法不当从而导致考试失败等，进而引起厌学心理（司悦，2012）。

第二节　青少年心理咨询与治疗

青春期是个体生长发育的特殊时期，也是身心发育的重要转折点。在从儿童期的不成熟状态向青年期的成熟状态的过渡时期中体现出了强烈的独立性和自觉性，又有极大的依赖性和幼稚性。因此，这一阶段相对于其他人生的发展阶段来说，由于其特殊性导致其心理问题日趋增多。

本节内容将首先从四个不同的视角说明青少年心理咨询与治疗的独特性；其次对青少年心理咨询与治疗的主要理论流派进行概述；再次介绍该阶段咨询与治疗中常用的技术；最后对青春期可能出现的心理危机做简要分析并提出相应的解决策略。

一、青少年心理咨询与治疗的独特性

1. 咨询关系的独特性

青少年阶段的孩子在生理发展上具有独立性需求增强的特点。一方面他们渴望独立，另一方面又受到父母的束缚，所以他们往往会采用一些方式，如离家出走、反抗父母、闷闷不乐来表达自己想要独立的情绪。渴望在同伴关系中找到自我认同，因而更愿意与同伴交流而不愿意与父母沟通。但由于缺乏社交技能、独立解决问题的能力还不够，容易引发焦虑、失落、缺乏安全感、自卑、情绪不稳定等心理问题。因而在青少年的心理咨询与治疗中，心理咨询师要把握好平等关系，即心理咨询师与来访者是一种朋友式的平等关系，咨询师要站在双方人格平等的角度给予青少年充分的尊重与理解，维护他们的自尊心。

2. 咨询属性的独特性

作为一名心理咨询师不能把青少年心理咨询与成人心理咨询等同看待，它与成人心理咨询还是有很大的不同。成人心理咨询主要以治疗为主，而青少年心理咨询以辅导、教育为主。青少年的生理和心理发展尚不成熟，所以心理咨询师要以一种发展的角度看待他们，明白青少年处于身心发展迅速的阶段，除了特别严重的犯罪问题、精神问题外，许多行为表现其实都只是他们成长过程中正常的偏离，应以积极的态度去看待他们成长中遇到的心理问题，帮助他们走出困境，使他们心理与生理得到健康发展。所以青少年心理咨询与治疗中的教育属性要高于治疗属性。

3. 咨询效果的缓慢性

有研究表明，咨询效果的好坏咨询师在其中起到 30% 的作用，而来访者对咨询师的信任度与开放度约占 70%。由于青少年身心发展还不成熟，在咨询中往往会因为语言表达、情绪化等问题造成咨询效果不佳，且在开放程度与信任度方面也会较低。加之青少年的心理问题大多受到多方面因素影响，如家庭、学校、同伴关系等，有些问题非单一因素造成；此外青少年的意志相对于成人来说比较薄弱，除非意志非常坚定，否则短期内难以实现咨询的目标。因而心理咨询的效果相对缓慢（安晶卉，2009）。

4. 咨询对象的复杂性

与成年人一般采取主动咨询的动机不同，大部分青少年接受心理咨询是受到父母或者教师的要求。因而心理咨询师在咨询过程中除要遵循保密原则外，还要对青少年的监护人负责。绝大多数青少年的心理问题都离不开家庭问题，所以必要时会一起与监护人或者老师形成咨询联盟。但是由于青春期的孩子渴望独立这一特性，有许多青少年不愿意咨询师告知父母或监护人咨询的具体情况，如果不能很好地把握这一关系，青少年可能采取不合作甚至敌意的态度面对咨询。这将影响到青少年对咨询师的信任度，进而影响整个心理咨询的效果。

二、青少年心理咨询与治疗的主要理论流派概述

1. 精神分析学流派

精神分析学派主要以西格蒙德·弗洛伊德为代表，之后他的学生、同辈研究者们进一步完善发展出更多分支和流派，包括新精神分析学派，如阿德勒的个体心理学、荣格的分析心理学；后精神分析学派，如自体心理学和客体关系学等。精神分析流派更多关注的是青少年心理问题产生的背后的心理动力因素，多数心理咨询师会采用追溯的方法，去探索青少年心理问题产生的源头，从源头上治疗。如从荣格的分析心理学发展出的绘画治疗法，以挖掘潜意识中的动力因素，来帮助来访者找到心理问题根源；客体关系学派会在心理咨询中探究青少年在早期与父母交往中产生的某种动力是否会对现在青少年的人际关系或是亲密关系产生影响。精神分析治

疗会特别关注青少年在童年期产生的某种创伤或者困扰。在青少年心理咨询实践中，精神分析学派的观点对治疗青少年学业焦虑、社交恐惧、焦虑症等有着显著的积极作用。但精神分析流派的缺点在于过分夸大人的生物本性作用，认为大多数病因都与"性本能"有关，有时会过于偏颇和武断。此外，用自由联想、移情分析、梦的解析等技术进行潜意识的内容探索时，有时会缺乏足够的确定性，常常会让来访者如坠雾中，感到无从把握。

2. 认知行为学流派

认知行为流派是在实验基础上建立起来的，其理论源于认知主义理论与行为主义理论。1976年，"认知治疗"首次作为专业术语出现。进入20世纪80年代初期，欧美等国的精神病学界和心理学界开始掀起了认知治疗应用和研究的热潮。认知主义流派认为认知影响情感和行为，因此在心理治疗中常采用认知干预技术，以改变来访者的认知结构为目标，通过改变来访者的不合理的认知观念，从而缓解心理问题。在青少年咨询中，常用于抑郁症、强迫症、焦虑症、人格障碍、网络成瘾等的治疗。但认知主义容易忽视来访者过去经历的作用，只强调认知和信念的过程。事实上，有些来访者过去的经历是他产生现在的问题的一个比较关键的因素，了解和分析来访者的经历，对咨询师进行正确评估和分析有很大帮助。行为主义容易忽视认定情感与信念，常用来治疗低级行为。由于认知主义理论与行为主义理论有各自的局限性，所以在青少年心理咨询与治疗中通常把其结合起来同步进行。

3. 人本主义心理学流派

人本主义心理学流派与认知行为学流派最大的不同点在于更加强调以人为中心，认为心理咨询师的最大特点在于倾听、感同身受、无条件地接纳和共情，而最大的优点就在于适用于所有人，无论是否有心理问题。人本主义强调以来访者为中心，重视来访者的主动性。基于人本主义观点的来访者中心疗法，常用于青少年心理咨询与治疗。因为它尤其看重与来访者的咨访关系，更容易获得青少年的信任感。

4. 积极心理学流派

积极心理学流派是近些年来兴起的新流派。积极心理学流派一改过去以问题为中心的传统治疗方式，过去的传统治疗模式把青少年当作问题少年，忽视了他们内在的积极品质和自我潜能。而积极心理学强调以一种积极的视角和态度对待青少年的心理问题，引导他们发挥自己内在的积极品质，如青少年个体的主观幸福感、希望、热爱、自信等情绪体验。积极情绪能够扩展思维，帮助青少年以充满希望、积极乐观的态度看待在成长过程中遇到的挫折和失败，从困难中恢复力量让自己变得更加坚忍或坚强，从而最大限度地发挥青少年的积极心理品质，如勇敢、善良、正义、智慧等来应对消极情绪。

5. 家庭治疗学派

兴起于 20 世纪 50 年代的家庭治疗法与其他治疗方法最大的不同之处就在于该疗法关注家庭因素在青少年咨询与治疗中的作用。前述提到由于青少年心理咨询的特殊性，大多数青少年来心理咨询都不得不考虑家庭因素，而家庭治疗流派不仅关注来访者本身，还会关注到整个家庭系统。家庭治疗流派的观点是：个体是家庭中的成员，在家庭系统中与其他家庭成员有着密切相关性，分析来访者的问题不仅要考虑从个体入手，更要致力于调整家庭结构、功能，使之良性运转，通过发挥家庭积极因素来治愈来访者的心理问题。

三、青少年心理咨询与治疗的常用技术

1. 倾听技术

倾听技术是建立良好咨访关系的基本技术。它是指心理咨询师对来访者所表达的内容无条件地积极倾听且通过言语或非言语信息进行反馈的一项技术。倾听过程中不但要听懂来访者通过言语、表情、动作所表达出来的东西，还要听出来访者在交谈中所省略的和没有表达出来的内容或隐含的意思，甚至是来访者自己都不知道的潜意识（张仲明，2013）。

2. 提问技术

提问技术是指心理咨询师对青少年进行封闭式或者开放式提问。封闭式提问来访者只需要回答"是"或者"不是"，用于澄清来访者的问题，如：是不是××行为让你不开心了；而开放式提问则主要用于全面了解来访者的问题和基本信息。如："你今天想跟我说些什么？"面对有学业焦虑、人际关系紧张的青少年，心理咨询师也常常会用这一技术。

3. 鼓励技术

鼓励技术是指心理咨询师运用一些语言或者非语言的方式鼓励来访者。由于青少年一般对心理咨询师的信任度较低，鼓励技术能帮助咨询师获得良好的咨询关系，拉近与来访者的距离感，进而获得来访者的信任。如：点头肯定。鼓励技术也常用来鼓励青少年多说，从而了解更多有效信息，如："没关系，你继续说。"

4. 重复技术

重复技术即重复来访者内容表达中的关键信息。通过重复让青少年意识到自己被尊重和重视。通过这一技术也能帮助咨询师把握咨询的方向。重复技术常常会跟鼓励技术一起使用。

5. 内容反应技术

内容反应技术是心理咨询师对来访者所表述的内容加上自己的理解后反馈给来访者的一种技术，能够帮助来访者明白其问题背后的原因。正是因为青少年心理发展的不完全性，他们经常找不到自己心理问题背后的原因，内容反应技术就能解释这一点。这一技术往往与鼓励技术、倾听技术、提问技术等一起使用，在青少年心理咨询中使用比较普遍。

6. 具体化技术

具体化技术是为了把来访者提供的信息了解得更具体所采用的技术。青少年心理咨询的对象是青少年，他们可能会表述不清楚，逃避或者笼统化某些概念，这时就需要用到具体化技术。具体化技术也常常与重复技术和提问技术一起使用。如："考试的时候就紧张，可以具体说说是怎样紧张吗？"

7. 情感反应技术

情感反应技术是咨询师通过共情与理解来访者表达的内容和情绪并反馈给来访者的一种技术。这一技术往往能够帮助青少年正视自己的情绪，并帮助心理咨询师把握青少年的情绪。同时也让其感受到自己被关注，进而获得一定的安全感，如："因为××，所以你觉得很伤心，是吗"。

四、青春期心理危机干预

1. 青春期心理危机

青春期心理危机是当青少年遇到重大挫折无法找寻到心理平衡后产生的失衡状态。引发心理危机的因素，既有外在的因素，也有源于自身内部认知偏差等因素。根据心理危机的来源不同，可以分为发展性、境遇性和存在性危机。青春期心理危机的表现主要有三个阶段：在青春期早期，孩子渴望独立且想要脱离父母的管束，会频繁与父母产生冲突；青春期中期，心理危机常表现为情绪不稳定、抑郁、焦虑、冲动、自杀意念强等；青春期后期，往往容易产生暴力倾向等心理危机。也有学者从认知、情绪、行为三个方面来探讨心理危机现象，认为青春期的心理危机表现存在以下特点：（1）认知偏差。如固执偏执，极端思维等。（2）行为异常。如习惯变坏、睡眠质量变差、离群、穿奇装异服等。（3）情绪不稳定。如情绪异常不稳定、焦虑、悲观绝望、患得患失、喜怒无常等（张爱宁，徐光兴，2008）。

2. 青春期心理危机干预

心理危机干预是指帮助处在心理危机中的个体，及时采取措施避免个体产生攻击性或自我损害性行为。心理危机干预要遵循以下几个基本原则：

（1）预防性原则。心理咨询师要学会识别青少年的心理危机，当青少年出现一些心理危机的表现时就要开始采取行动，避免来访者产生进一步的伤害行为。

（2）整合性原则。危机干预中，仅仅依靠心理咨询师的工作是远远不够的，对于青少年心理危机事件，学校、家长都必须及时了解情况。而心理咨询师需要履行告知义务并采取一定的应急程序。

（3）及时性原则。青少年心理危机之所以需要及时干预，是因为其造成的后果可能较严重且大部分时候危机出现具有突发性，因此需在短时间内采取措施。

心理危机干预的基本过程可以分以下六个步骤：

第一步，确定问题。了解来访者出于何种原因出现心理危机，帮助来访者理清楚问题的根源是进一步进行干预的基础。

第二步，提供安全感。心理危机干预的对象是青少年，他们往往是一个家庭中最受关注的对象，因而心理咨询师需要尽可能找到来访者可以联系到的联系人和联系方式，以便遇到困难时能够及时联系。同时要获取一些能够获得的信息告知其父母、老师、同学，帮助其度过心理危机。

第三步，给予支持。心理咨询师必须无条件地以积极的方式接纳所有的求助者，不在乎报答。应让求助者感到，参与危机工作的人都是可靠的支持者，他们在用关心的、积极的、不偏不倚的态度处理危机事件。

第四步，提出验证可变通的应对方式。多数情况下，求助者会处于思维不灵活的状态，无法判断什么是最佳的选择，有些人甚至认为已经无路可走了。援助者应帮助他们认识到，其实还有许多可变通的方式，并引导其思考，做出适当的选择。

第五步，制定开始新生活的短期计划。干预中较关键的一点是，要帮助求助者认识到这是他们自己的计划。通过实施这一计划，帮助他们恢复自制能力，摆脱依赖感。

第六步，自我承诺。帮助求助者制定确定的、积极的行动步骤，这些行动步骤必须是求助者自己愿意实施的，从现实的角度来说是可以完成的（徐光兴，2017）。

第二部分 实战篇

爱的疗愈

——《放牛班的春天》中的"问题少年"的心理个案分析

中 文 名：放牛班的春天

英 文 名：Les Choristes

上映时间：2004 年

片　　长：96 分钟

剧情回眸

《放牛班的春天》以二战为背景，讲述了在法国一所名叫"池塘之底"的寄宿制学校里，一群"问题少年"的教育成长故事。这群"问题少年"大多有着各种各样的心理和行为问题，在那里，孩子们被简单、机械、粗暴地教育。校长哈森奉行"行为－反应"的教育原则：每当孩子们做出任何违反校规的行为时，教师们就要立即以"关禁闭"的惩罚反应方式予以回应。因为哈森坚称，只有通过惩罚才可以遏制他们的不良行为。然而事与愿违，在这种简单、粗暴的教育方式下，孩子们并无任何改变甚至是越来越极端。一天，随着一个叫马修的学监的到来，"池塘之底"的一切就开始悄然地发生了转变……

从电影开始，即以倒叙的方式呈现了两位音乐家在查看一本尘封已久的日记本，里面记载了马修老师在"池塘之底"的教学经历。通过日记本进而引出两位音乐家与现在光辉成就大相径庭的童年。

作为一个音乐老师，马修在遭遇了职业上的低谷后被安排来到了"池塘之底"，成了一名新的学监。学校的位置偏僻，马修一下车，映入眼帘的是破旧的黄土高墙、厚厚的铁门。"砰"的一声，接待他的马克森斯大叔在教室门口被砸中了眼睛，受伤严重，同时教室里传来了一群孩子的吵闹、笑声。校长看着这一幕，大声说着"行为－反应"原则，并命令马修老师立即去敲钟，好让学生们马上到操场集合。校长大声斥责道："是谁做的？"这群孩子呆呆地站在下面，没有人承认。哈森校长随即拿来了名单簿，让马修老师从中随机喊一个名字，而被叫到的人将被关十五天禁闭，并且取消了孩子们的一切娱乐活动，直到有人承认或者是被互相检举出来。

面对这位新学监，孩子们并不友好。他们挑衅他，像往常一样搞破坏。上课第一天不配合、无视课堂纪律，对马修老师充满了敌意。课后喊他"秃子"，甚至偷走他放在房间公文包里的乐谱。而面对这群孩子，马修老师并没有像哈森一样以粗暴的方式惩罚他们，而是选择接纳他们，甚至在孩子们做错事情的时候向哈森校长"隐瞒"，找理由为他们开脱。

在课上，他发现有些孩子乐于唱歌。于是在上课时他鼓励孩子们唱歌，并根据他们的嗓音发挥他们各自的才能。即使最小的佩皮诺不会唱歌，马修老师也会把他抱起坐在桌上，开心地对他说："那么，你就是我的指挥助理了。"他让佩皮诺帮忙从桌边上递指挥棒，即使他伸手就可以拿到。莫翰奇，是电影中一个"拥有天使面孔"的男孩，从小单亲家庭的生活让他性格多疑、敏感孤僻，他抗拒别人的友善。莫翰奇也从不参加课堂的音乐合唱，在大家都在哼唱歌曲时，他一个人坐在位置上一言不发。但在下课后，莫翰奇一个人偷偷留在了教室唱歌。这一幕被马修老师发现。马修老师还意外发现莫翰奇有着独特的美妙嗓音，而且莫翰奇乐感很好，拥有极高的音乐天赋。于是在下一次的班级合唱中，莫翰奇成了合唱团的独唱。

马修老师的诸多做法不仅保护了孩子们的自尊，让他们感受到了久违的爱意，并且让孩子们有了自我价值感。在合唱团里，孩子们得到了尊重，有了归属感。这也让一开始反对举办合唱团的哈森校长开始有了些许的动摇，或许这群孩子并不如他们表面那样冥顽不化。在一次马修老师和孩子们的踢足球活动中，踢过来的足球直接砸在了哈森校长的额头上，孩子们紧张不安。但这次却意外地没有如往常一般受罚，哈森校长竟加入了球赛，同孩子们一起玩耍。甚至当发现孩子们没有热水洗澡时，另一位学监查贝尔也受到马修老师的影响，一起用柴火为孩子们烧热水。或许马修老师不仅在学生们，也在其他学监心中播下了爱的种子，爱意和温暖开始在"池塘之底"萌发。正如后来影片中，孩子们折纸飞机时，伴随着纸飞机的远去，"耻辱、恐惧都已远去"。而最开始砸到马克森斯大叔的孩子，也在马修老师的悉心劝导下去照顾大叔。在尊重和理解下，大家都渐渐地开始转变。

然而这时，校长哈森因为被偷十万法郎，在毫无证据的情况下怀疑中途被送进"池塘之底"的暴力少年——蒙丹，并暴力殴打蒙丹，试图使他承认偷窃一事，最终将其送至警察局。因为此事，哈森开始取消合唱团，马修老师与孩子们则开始了"地下"的合唱活动。这种情况使孩子们更加地团结。但在一次冲突中，莫翰奇向马修老师泼墨水，马修老师因此取消了他的独唱资格。

在马修老师的促成下，合唱团获得了在伯爵夫人面前表演的机会。由于被取消了独唱资格，莫翰奇失落地看着合唱团表演。但表演中途，大家突然停住，马修老师和同学们一同微笑着望向角落里的莫翰奇。原来在此次表演中，马修老师依旧预留了他的独唱。随着马修老师的眼神，观众也看向莫翰奇。莫翰奇十分惊讶，顿了顿，然后认真地开始了他的独唱。而正如影片中马修老师所讲："在莫翰奇眼中我看到了被原谅的感激和骄傲，他或许第一次懂得了感激。"

电影的最后，没有了"池塘之底"寄宿制学校，马修老师也乘车离开了。

案例点评

《放牛班的春天》以音乐老师马修为切入视角，讲述了他遇见"池塘之底"学校的孩子们后，"问题少年"们获得自我成长的故事。如这所学校的名字一般，这群学生被认为是无可救药的，未来也只能成为社会的底层，犹如永远跳不出井底的青蛙。哈森校长以及那里的老师以粗暴的方式教育他们，然而这种教育方式并没有起效，孩子们仍旧在哈森校长看不见的地方继续破坏。直到出现了一位名叫马修的音乐老师，他不如哈森那样对待他们，而是尽可能地去理解他们，给予他们力所能及的爱。他发现了孩子们的音乐所长，挖掘他们的潜能组建合唱团，并积极为他们争取表现的机会，让他们可以在公众面前展现自己的价值。于是这么一群"问题少年"在合唱团里重新体验自身的价值，体会生活的美好，有了积极面对未来的力量，进而改变了人生轨迹。

这群孩子为什么起初被看作是"问题少年"？哈森校长为什么坚定不移地认为他们永远不可能变好？不由得让人开始深思，这些"问题少年"由何而来？在儿童成长中我们该如何恰当教育？

一、"问题少年"由何而来？

电影中这些孩子被看作是问题少年，因为他们总是做出破坏性行为，甚至有着反社会行为，校长哈森坚称他们永远不可能变好。但是，这群学生真的天生就冥顽不灵吗？答案显然不是，这一切都与他们的成长历程息息相关。

（一）佩皮诺，一位孤儿的成长路程

佩皮诺是电影中最小的学生，父母在二战中去世，但佩皮诺始终不能接受这个事实。他总是在每周六站在大门口，抓着铁栏杆等待着父母来接他。即便学监老师已经多次告知他父母去世的消息，他也总是等待着。后来学监们不再劝佩皮诺，只是在每周六佩皮诺都等到天黑时对他说下周吧。学监说，这可能会让他好受一些。在学校，由于年龄小，加上父母去世，佩皮诺总是班级里那个受欺负的对象。

在电影中，一天晚上马修老师发现佩皮诺蜷缩着坐在楼梯口。当问到为什么不去睡觉时，佩皮诺说自己没有钱可以给班上另一位同学，所以他没有资格去睡觉。就连平时吃饭时，佩皮诺也需要交钱才可以安心地吃饭。因为自卑，所以当他人欺负他时，佩皮诺选择妥协、服从，甚至不敢做出一点反抗。这可能是由于失去了父母，佩皮诺像其他孤儿一般，对这个世界充满了不安全感。这使得他面对这个世界的不公时，应对的方式常常是依从，即使遇到不合理的要求也不敢做出反抗。长此以往，给他的心理成长留下了阴影。

（二）莫翰奇，单亲家庭成长的敏感男孩

来自单亲家庭的莫翰奇是一个缺乏爱和被爱勇气的男孩，从小只在母亲的陪伴下成长。而他的母亲为了这个家庭，只得在外面努力工作，因此在莫翰奇的成长中不仅缺少了父亲的关爱，母亲也因为种种原因，没能给他足够的陪伴和爱。因此他的内心存在着巨大的心理冲突，表现在他一方面渴望母亲的爱，一方面又对母亲不能陪伴自己的行为产生敌意，当母亲出现时表现得冷漠和抗拒。

对重要他人的关系投射到现实世界中，就表现为他对这个世界也是矛盾、敏感和不安的。他沉默寡言，拒绝和别人交往，也抗拒别人的友善，不愿意参与集体活动。当马修老师组建合唱团时，明明有天赋并且热爱音乐的莫翰奇却表现出自己对音乐不感兴趣的样子，一个人坐在教室拒绝参与集体合唱，但在课后，又独自一人偷偷留在教室唱歌。

所以莫翰奇一方面对亲密、友爱等存在着神经性的需要，而另一方面又害怕亲密，因为他内心存在着强烈的不真实感和心理冲突，这使得他恐惧接受他人的善意。这种神经性的需要满足和未能满足之间的心理冲突可能是莫翰奇面临的最大心理问题。

二、"池塘之底"的两种教育模式

面对这些孩子，校长哈森企图"以暴制暴"，奉行着"行为－反应"的教育原则，当孩子们做出不恰当行为时立即对孩子们进行惩罚。而马修老师则是以充满人文关怀的教育理念教育这群孩子，努力发现每一个人的闪光点。

（一）哈森校长的行为主义教学模式

面对这群学生，哈森校长坚定不移地实行"行为－反应"原则，每当学生违反校规时都立即对他们进行惩罚。比如，影片开头马克森斯大叔被砸伤眼睛，哈森校长就以随机关禁闭的方式惩罚学生。在遭遇偷窃之后，哈森校长也在毫无证据的情况下怀疑蒙丹，并且暴力殴打迫使他承认，同时也停止了合唱团的活动。哈森校长在找不到个人的错误时，总是以集体惩罚的方式对待学生，简单而又粗暴。他这一系列的举动确实使学生们在短时间内言听计从，但是为什么这群学生并没能在本质上有所转变，甚至在电影的最后，蒙丹还是在愤怒之下烧毁了这座学校呢？

从心理学的视角上看，哈森校长的做法其实是仿照了行为主义。行为主义学派代表人物华生，他主张人的行为是可以被塑造的，即"刺激－反应"说。当一种行为出现时，立即对它进行反应，得到反馈后的行为就会开始发生变化，长久建立这种联结，就可以使这种不期望行为出现的频率减少。但是这种做法忽略了人的情感，简单地把人看作是一种行为反应的机器。并且这也只能在短时间内行之有效，一旦施加的反应停止，行为又将很快重新出现。这就是这种联结的弊端，行为建立快但是消退得也快。因此电影中，哈森校长一旦离开，孩子们的各种破坏行为很快又出现了。

（二）马修老师的人本主义教学模式

与行为主义流派不同，人本主义更注重人的尊严和价值，关心人的自我实现和潜能的发挥。马修的做法与校长的做法形成鲜明的对比，他注重在以爱和理解教导学生的同时，又及时地纠正学生不良的做法。在教育的过程中，他不断尝试理解和接纳孩子们。即便孩子们偷走他的乐谱，他也在校长面前维护学生；在学校没有热水洗澡时，他同查贝尔学监一起为孩子们用柴火烧热水；在莫翰奇妈妈来学校看望他时，马修老师用拔牙的借口隐瞒了莫翰奇此时被关禁闭的事实，维护了他的自尊；同时他也积极发现孩子们的所长，组建合唱团，肯定学生的价值。孩子们从此变得更加积极乐观，他们从内心深处有了自我实现感，真正体验到自我价值的力量。

三、在温暖气氛下的自我成长

人本主义主张人都有自我实现的潜能，只要给予良好的条件和氛围，个体就能实现个人的潜能。存在主义也认为人都有自我成长的力量，只是在不良的生活环境中，个体遭受了太多负性的、具有打击性的经历，使得个体对于自我形象形成了错误的构念。只要个体重新体验到安全的环境，就可以重新成长。因此，在这一环节，马修老师就给予了这些学生无条件的积极关注，给了他们安全和温暖的氛围。而孩子们也确实在这种爱和尊重的环境下，人格成长得越来越完善。心理学上的另一种效应也可以解释这种现象，即皮格马利翁效应：正向的期待具有一种能量，使得学生们潜移默化地按照教师们的期望行事，以满足教师对自己的看法，这在心理学上往往也称之为"自证预言"。

马修老师始终用真诚、理解和无条件积极关注看待学生，相信孩子们可以做得更好。孩子们不仅在马修老师那里有着安全的心理环境，还在合唱团里获得了归属感和自我实现感，这些都能促使他们的人格向好的方面发展。影片的最后，随着"池塘之底"的烧毁，莫翰奇在马修老师的鼓励下去了里昂音乐学院进修，而在此之前这几乎是不可能的。佩皮诺，那个父母双亡的孤儿，追上要乘车离开的马修老师。马修老师犹豫再三，在车开出的时候折返将他一同带走了。因为马修老师的爱在佩皮诺那里已经成了父母般的存在。

回到影片开端，那两位音乐家正是曾经在"池塘之底"的"问题少年"。这群被视作"问题少年"的学生，在马修老师爱的关怀下，重新体验到爱与希望，树立起了对生活的信心，有了理想的憧憬，才有了他们现在的功成名就。

四、爱与心理成长

这些孩子在成长过程中，缺乏了应有的爱和温暖，加上周围人的敌意和偏见，渐渐地使得他们开始自我放弃。他们或许本就不该被称为"问题少年"，不仅是这种贴标签的做法在某种程度上强化了他们的不友善行为，而且可能是由于他们长期成长在缺乏安全和爱的环境中，才滋生了这些"问题心理和行为"。

弗洛伊德认为成年后的多数心理问题是由内心冲突引起的，而这些冲突往往是早期的痛苦经历被压抑在了潜意识中；另外个体心理学家阿德勒也格外强调个体的自卑感，认为早期记忆对于理解个人生活风格有重要的作用。因此，早期的安全感对个人的健康成长具有深远意义。一个早期有安全感的人对世界充满友善和信任，而缺乏安全感的人则是自卑、怀疑的。影片中的孩子们缺乏早期的安全感，他们的内心对于温暖是渴望的，对于亲密也是有强烈需求的。马修老师的出现给了他们爱与尊重，无疑温暖了他们的心灵。这种用爱疗愈他们心理成长的方式，或许是我们可以从《放牛班的春天》中借鉴的。

（元志娟）

红熊猫的秘密

——《青春变形记》中青春期女孩成长的心理个案分析

中 文 名：青春变形记

英 文 名：Turning Red

上映时间：2022

片　　长：100 分钟

剧情回眸

　　电影围绕居住在加拿大的一个华人家庭展开。一位正处于青春期的女孩美美学习、运动、家务劳动样样优秀，也有一群要好的小伙伴，但青春期的心理变化令美美在传统家庭和真实自我之间徘徊，并且压抑了真实的自己。

　　美美是一个 13 岁的学生，她在一个亚裔家庭中长大，家里经营着一间祠堂。她聪明懂事，会听妈妈的话，放学帮妈妈打扫祠堂。美美在所有人看来都是听话懂事的乖乖女。但美美也有自己隐藏的一面，她是男团"4-Town"的忠实粉丝。在班上，美美有三个特别要好的小伙伴也是"4-Town"的忠实粉丝。她们在课余经常讨论"4-Town"的新专辑。只是，男团"4-Town"离他们太过遥远，并且美美的妈妈对男团嗤之以鼻。

　　这天晚上，美美写完作业，却不自觉地在本子上画起了白天在商店里见到的酷酷男孩迪云，他有着俊俏的外表和结实的肌肉。大概是美美情窦初开，她不自觉地画了一幅又一幅的图片，画面中两人相拥，十分美好。

这时妈妈突然闯进来，而美美没有时间藏好自己的画作。最终画作被妈妈发现了，美美也不知道怎么解释。于是妈妈带着美美来到那家商店，警告那个男孩迪云不要对自己女儿动歪心思，看到这戏剧性一幕的还有美美的同班同学，这令美美十分难堪。美美最终还是没能和妈妈好好沟通，解释这一切只是幻想。回到房间后的美美开始懊恼，她也不明白自己为什么会画那种画。

夜里，美美进入梦乡时，祠堂中有一种无形的力量影响着她。当她第二天醒来，竟变成了一只毛茸茸的红熊猫，就此揭开了隐藏在她家族里的秘密——他们的祖先有着变成红熊猫的能力，而这种能力会遗传给家里的女性后代。美美因为昨天的事情刺激了自己的红熊猫出现。长辈们很担心美美的红熊猫会带来一些不好的影响，所以想要封印美美的能力。但是最后，美美成长了，她与自己和解了，她选择了不封印红熊猫。尽管身体里的红熊猫很危险，但这也是她身体里的一部分，是最真实的自己。

影片让我们看到了，面对这些变化，除了需要我们自己的勇气外，环境对我们的接纳也是极其重要的。红熊猫在同学中受到的热烈欢迎、设计并出售红熊猫的周边产品、生日派对上的主角光环，正是在这个过程中的一次次体验，美美才开始真正接纳和喜欢这个新的自己，也才更有勇气跟妈妈说不。

案例点评

这部电影表面看似一部简单的亲子电影，阐述如何化解青春期的亲子危机。但美美外婆的出现，揭示了导演更深一层的思想：青春期不仅是叛逆和天真的，如果不加以正确的引导，那么就会像红熊猫一样，是具有危险性的。

红熊猫代表了月经初潮、性幻想、激烈的情绪、叛逆、自我，这些就是女性的青春期。大家是怎样度过青春期的呢？会有青春期专属的小烦恼吗？青春期与其他时期有什么不同呢？是听父母的话还是违反父母的安排呢？

一、红熊猫的出现：性成熟的标志

在电影中，"红色"是一种通俗易懂的隐喻，红色不仅暗示着月经初潮，同时也有羞耻、性启蒙的深层含义。通常把儿童期与青春期进行区分的界限是性的成熟，对于女生来说是月经初潮。以性成熟为核心的生理方面的发展，使少女具有了与儿童不同的社会、心理特征。

美美早上醒来迷迷糊糊，走到厕所里才发现自己竟变成了一个大的红熊猫，几乎每个女生都是在厕所里发现自己的月经初潮的。厕所在电影中是一个出现率很高的场景，美美第一次发现自己变成了红熊猫是在家里的厕所；在学校被妈妈当众送卫生巾，尴尬的情绪导致变身成红熊猫，她也是第一时间冲向厕所；躲在厕所里向伙伴们诉说自己的烦恼也是在厕所，因为女厕所是与月经不可分割的两部分，是女性的私密空间，这体现了青春期女性在刚觉察到自己性成熟时会有羞耻感。发现自己来月经之后，美美会崩溃大哭、惊吓恐惧、狂躁不止，这些情绪也是很多女生第一次面对月经时会有的情绪。性特征开始出现，她们会感到迷茫、不知所措，且有强烈的被尊重的需要。

这种生理的变化也体现在了情绪的变化上，美美不再像以前嘴里说的那样"他不怎么样，我不喜欢"，而是不再抑制自己对异性的渴望，她开始违抗父母的指令。此时的红熊猫正是美美性欲望的具象化的体现。

二、红熊猫的助推器：假想的观众

每个处在青春期的女孩都有着一本专属于自己的秘密本子，主人公美美也不例外，美美在她的小本子上画了隔壁商店的店员小哥迪云，被妈妈发现，妈妈误以为男生对自己女儿做了什么，于是去找男生麻烦，还将美美的"画作"扔到柜台上，让周围所有人都看得一清二楚。

她分不清这是现实还是想象，周围所有人都在嘲笑她，认为她是一个"小丑"。连她自己回家也觉得自己很奇怪，并表示"这种事绝不会再发生"。当晚，美美就做了一个可怕的梦，梦到了一只巨大的红熊猫。奇怪的事情发生了，第二天一早，美美就真的变成梦里的那只红熊猫了！

青少年的自我意识不断增强，他们相信自己是别人注意和关心的焦点，心理学上称之为"假想观众"，这使得他们变得很害羞，常常希望避免尴尬的处境。他们每天都觉得自己活在别人的关注下，被别人赞赏或批评，像在电视上表演的明星，因此会付出时间和精力来应付这些假想的观众。例如脸上出现了一颗痘痘，他们会担心今天遇到的所有人都会盯着他的痘痘看，从而不愿意去面对。

他们认为自己是独一无二的，他们很关注自己的情感，经常会夸张地表达自己的情绪感受。这个时期的孩子对公众批评非常敏感，父母或老师的当众批评会让他们感到遭遇灭顶之灾似的屈辱。

美美再次被激怒变身，也是妈妈让她当众出丑的时候。这天，妈妈悄悄躲在学校操场的树后面，与保安发生了争执，不仅喊出美美的名字，还告诉全校她忘记带卫生巾了。美美仿佛听到所有同学都对她议论纷纷，美美忍无可忍爆发后，变成红熊猫，激动地跑回了家。

三、红熊猫的两面性：情绪的变化

青春期的孩子都会夸大自己的重要性，认为别人都在看着他们、评价他们，他们感觉到自己是独一无二的，他们情绪的起伏非常大。这是因为青少年心理能力在不断发展，生活经验也越来越丰富，他们情绪的表现形式也丰富了起来，但又不像成年人的情绪表现一样稳定，因此会表现出半成熟、半幼稚的两面性。电影中，美美一遇到情绪激动的事情便会变身为"红熊猫"，只要她心情平复下来，又会变回女孩的样子。

红熊猫被妈妈和外婆看作是"坏情绪"的化身，是不可控制的、会造成恶劣后果的，因此，女孩必须在红月之夜参与某种传统仪式，将身体里的红熊猫彻底驱逐、封印，就像是将体内的愤怒镇压，变成一个温顺的女人——这是属于大人们的成人仪式。而对于美美和她的朋友来说，属于他们的成人仪式莫过于去看偶像乐队的现场演唱会。在尝试向大人们要钱无果后，他们利用美美大受欢迎的红熊猫挣演唱会的门票。

因为有了红熊猫，美美不再是那个放弃和朋友唱卡拉 OK 回家帮妈妈打扫祠堂的孩子了。她开始变得叛逆，开始在床下面塞满自己的小秘密，甚至开始骗妈妈说自己去补习，然后和朋友们一起靠着红熊猫的形象挣钱买门票。在大人眼里，美美变得越来越叛逆。而在美美和她的朋友眼里，她变成了一个有主见、有智慧、有激情、有担当的人！美美长大了！

按照情绪维度模型，可以将情绪按照"消极—积极"和"低唤醒—高唤醒"两个维度分为四个象限。红熊猫则代表着高唤醒的这一侧，这正是青春期孩子们的情绪特点。妈妈害怕红熊猫带来的负面影响，也就是消极—高唤醒这一象限的情绪。因为妈妈年轻时因反抗伤害了母女感情，她不想自己的女儿像年轻的自己一样，与自己决裂。但美美除了体会到负面的"红熊猫"，也在和朋友的相处中看到了红熊猫的积极面，那里有开心和自由，有让她感觉到自己存在的价值感。

红熊猫有其消极和积极的两面，驾驭了青春期的情绪，也发展出了强大的情绪调节能力。

四、红熊猫是真实自我：同一性认同

美美的妈妈一直把家庭放在第一位，努力做一个好女儿。但妈妈也曾厌倦追求完美，激烈反抗，年轻的时候因为母亲反对她与美美的爸爸交往，曾经释放过一个巨大的红熊猫出来。这样的代价是，她伤害了她和母亲的关系，母女二人渐行渐远。

陈红艳曾在一篇文章中提到："所谓的自我同一性是指个体在特定环境中的自我整合与适应之感，是个体寻求内在一致性和连续性的能力，是对'我是谁''我将来的发展方向'以及'我如何适应社会'等问题的主观感受和意识。"

孩子进入青春期，会经历一段在确立自己的价值观和目标之前进行尝试的痛苦时期。心理学家埃里克森将青春期的心理冲突称为同一性对角色混乱。青少年的发展任务是同一性的确立和防止同一性混乱，在确立自我同一性之前需要一个心理的"合法延缓期"。妈妈在进行自我同一性探索时，似乎没有经过反复探索，她的同一性对象是母亲替她选择的，她内化了母亲的价值观和信念，认为要把家庭放在第一位，要做一个完美的女儿，同时也要求美美做一个完美的女儿。

美美在仪式中与红熊猫分离时感受到红熊猫是自己身体的一部分，是那个觉醒了、长大了的自己，于是，她决定与红熊猫共存在一个身体里。

很多青春期孩子的家长在与孩子发生矛盾时，都希望孩子能够受自己的控制，让孩子做什么，孩子就做什么。美美经过一系列的探索后，获得了明确的自我认知，也知道了自己的目标。最后，在外婆、阿姨、妈妈都将自己的红熊猫驱离后，美美终于明白了"我是谁"，决定不再做妈妈的完美的"美美"，坚决地将红熊猫留下，她勇敢地接受了真实的自己，全部的自己。

五、接纳红熊猫：在成长中学会沟通

美美在变成红熊猫到接纳红熊猫的过程中，经历了矛盾冲突，选择过退缩，但最终也学会了沟通。

在封印红熊猫的过程中，美美遇见了年轻时的母亲。她这才意识到，原来母女二人本来有着一样的遭遇。母亲也第一次说出："我永远不可能成为人们期望的那样，我厌倦了完美。"母女和解的前提，其实是自我和解。美美和年轻的母亲进行了有效沟通，最后两个人放下矛盾。红熊猫代表了美美心中的攻击性，一开始美美是很讨厌并且害怕这种攻击性，但在最后，美美学会了并且选择了与心中的攻击性共处。

每个人内心都有一个红熊猫，在合适的时机让它出来，在不合适的时机需要抑制它的出现，这或许做起来很难，但是一旦能做到，那么你一定如鱼得水。影片中说："每个人都是多面的，并不会面面皆完美。重点不在于抹去世俗认为的不好的那一面，而是学会与不完美相处。"这世界上的一切都因为不完美而存在，而真实立体。人也不例外，一个完美的人往往缺少了一种真实感，难以融入社会群体。自我接纳很重要，也不必去刻意追求认可，因为对认可的追求往往会扼杀自由，接受一个不完美的自己、真实的自己吧。

（吴雨欣）

我是谁？

——《想见你》中青少年自我认同发展的心理个案分析

中 文 名：想见你

英 文 名：someday or one day

类　　型：爱情 / 悬疑 / 奇幻

上映日期：2019

集　　数：13 集

剧情回顾

　　2019 年，极度思念王诠胜的黄雨萱，因为走不出对男友的思念，借助一款 APP 软件找到了世界上另一个跟男朋友很像的人。令她惊奇的是，不但在照片上看到了一个与男友一模一样的人，还看到了另一个长得与自己非常相似的人。照片显示的年份是 1999 年，距离现在已经过去 20 年，那时候他们都才五六岁大，怎么会拍下这样一张照片呢？带着疑惑黄雨萱找到了照片中显示的唱片店。得知唱片店在 1999 年就关闭了，现在已经变成一家咖啡店。而照片中的那位跟自己长得一模一样的女孩叫陈韵如，是咖啡店老板的侄女，早已经去世了。

　　黄雨萱收到了一张神秘唱片，她听着随身听里伍佰的《Last Dance》渐渐入睡，醒来时发现自己通过随身听回到了 1998 年被李子维拒绝后又被人袭击的陈韵如身上，并在医院见到了和王诠胜模样相同的李子维。在接触过程中发现他的性格习惯和自己遇到的王诠胜完全不同，她也发现自己不是黄雨萱而是陈韵如。在未来世界中慢慢了解到陈韵如会在 1999 年死掉，她开始转向调查袭击陈韵如的凶手。

在调查凶手的过程中，李子维爱上了穿越到陈韵如身上的黄雨萱。与此同时，他的好朋友莫俊杰也感觉出陈韵如不再是先前的陈韵如，在得知李子维喜欢陈韵如后，放弃对陈韵如的追求。此时真正的陈韵如却被关在一个黑暗的心房中，默默地看着黄雨萱轻易地得到了她曾那么努力也得不到的爱。在调查的过程中，当杀害陈韵如的凶手要出现时，真正的陈韵如在 1998 年死亡前夕突然回来了。

为了享受李子维的爱，陈韵如假扮黄雨萱的行为和说话方式，延续大家对黄雨萱的爱。但这个谎言很快就被李子维和莫俊杰看穿，他们都知道陈韵如回来了。陈韵如在回归原来生活后，得知大家都喜欢原先的黄雨萱，而不喜欢真正的她。陷入绝望的她想要自杀，被喜欢她的莫俊杰知道后想要劝阻。但最终非但没有劝阻成功反而阴差阳错地成了凶手。李子维在现场目睹莫俊杰被警察带走，这时在陈韵如心底的黄雨萱才知道自己才是害死陈韵如的凶手……

案例分析

《想见你》是 2019 年播出的电视剧，这部剧的吸引人之处在于跳出了老套的青春偶像剧情。剧情紧凑、递进，既有悬疑的剧情，又有对剧中不同人物的细致刻画。这部剧的出色之处还在于两个青春期女孩的对比。

剧中的黄雨萱开朗大方、自信独立，穿越到陈韵如身上后她懂事、能理解陈韵如妈妈的工作，会为不懂事的弟弟出头，正确教育弟弟，让原本破碎的家庭氛围重新温馨起来。她能够很好地处理与朋友间的关系，能够在篮球场上自在地笑；她能自信地处理身边的一切，甚至得到了李子维的喜欢。

而另一个与她长得一样却有着不同性格的陈韵如，内向自卑，在学校没有存在感的她，总是默默无闻的一个人。一个人上学，一个人放学回家，一个人吃饭，从来不参与任何的社交活动。她的青春期是可悲的，努力想要得到父母的爱。可父母重男轻女，离婚时都抢着要弟弟；班上的人都排斥他，跟喜欢的人告白被拒绝。在被黄雨萱夺走的人生中，她眼看着别人可以轻轻松松得到自己无论多么努力都得不到的爱，就算穿越回了自己的身体，也只能靠着扮演他人获取爱。

"求你不要变回以前的样子""以前的你超级讨厌"这样一句句的否定，成了压死她的最后一根稻草，她最终走向了自杀。陈韵如的悲剧同时也折射出我们熟悉又陌生的一个词语——青少年认同。编剧也曾说过，这部剧其实不是一般的爱情剧，而是披着偶像剧外衣讲述青少年认同。

一、认识：青少年自我认同

自我认同（Self-identity）又叫自我同一性，是埃里克森于 1963 年提出的关于青少年心理发展的概念。他将人的发展分为八个阶段，每个阶段都有该阶段特有的目标、任务和发展冲突。冲突能够好好解决就会形成积极的人格，冲突不能良好解决就将形成消极的人格，且每一个阶段的发展都会影响到下一个阶段。根据埃里克森的观点，青少年期要处理的冲突是角色同一性与角色混乱。

剧中的陈韵如正处于这个阶段。能够顺利解决角色同一性冲突的青少年，将对自我有一个正确的认识，自信并且对自己和未来充满信心，有自己的努力方向。冲突如若不能好好解决，将会对自己没有一个很好的认识，产生迷茫感与不确定性，感受不到社会的认同，也会缺乏关爱意识，对之后成年阶段的发展形成阻碍，严重的情况就像陈韵如一样自己结束掉自己的生命。

不少学者认为自我认同是青少年在外界不断地评价与反馈下修正而形成的对自己的认识，是逐步认识自我的过程，也是逐步探索自己生命的同一性与连续性，进而肯定自我生命的意义的过程。这一过程的他们十分敏感脆弱。如果外界给予的信息一直是肯定的，那么青少年的自我概念中也会肯定自己，逐渐自信，有助于获得自我角色的同一性。相反，如果一直是排斥与否定，他会认为自己是很差劲的，逐渐封闭自己，形成恶性循环，慢慢变得角色混乱，无法完成这一阶段的自我同一性发展，甚至产生其他各种消极影响。

青少年阶段是强化自我认同的重要时期。自我认同是每个人毕生都要经历的一个过程，但大多数青少年不擅长利用自我认同来支撑其成长，因此在这一阶段外界给予的评价会对青少年的自我认同产生重要影响。剧中的陈韵如在扮演黄雨萱后不久就被拆穿，做回了自己，这时候外界的声音和评价全是以前的她多么讨厌，多么不好，以至于她自己也说出："我跟你们一样也不喜欢以前的我自己。"许多观众在看到陈韵如假扮黄雨萱的时候都在骂她，可是何曾想到她也是可怜之人。

处于青少年期的个体，很容易在他人评价和自我评价之间产生矛盾。陈韵如的骨子里是一个努力且善良的人，她也想有自己的朋友，她希望自己喜欢的人喜欢她，她渴望得到父母的爱。所以在她回到自己的身体后，她开始变得勇敢，争取自己想要的东西。她也在努力地去变成大家喜欢的那种人。但是她用错了方式，更重要的是她否定了原本的自己，她的自我认同产生了矛盾。

心理学上将自我分为理想的我与现实的我，二者的接近与否会影响到个体对生活的态度。理想的自我是个体希望自己是一个什么样的人的自我看法，包括人所渴望拥有的品质、性格等。现实的自我是潜在的与自我有关的且被个人高度评价的感知和意义。一般来说理想的自我是高于现实的自我的，两者的差距会成为促使青少年发展的动力。但当一个人的理想与现实的差距过大时，就会产生挫败感，差距越大挫败感越强。对自己的不认同感越强烈，越容易表现出自我否定、自我破坏，拒绝接纳自己。陈韵如一方面想要获取他人的认同，另一方面又因为自己的懦弱与性格缺陷不敢迈出这一步，越是期望高，越会因为努力而不得感到痛苦与矛盾。在陈韵如自杀的那一刻，她想结束自己的生命，是想杀掉那个要扮演她的人、获取他人的爱的自己，因为打心底不能接纳自己。

一方面，黄雨萱那样性格的人是陈韵如眼中的理想自我，另一方面，现实是陈韵如再怎么努力扮演黄雨萱，终究是扮演他人，最终还是会被人拆穿。理想与现实的落差，让她无法接受，陷入深深的矛盾之中，只有自杀可以结束这一切。其实自杀也是她灵魂发出的最后的求救。那一刻她撕心裂肺地说："我跟你们一样也不喜欢以前的自己。""你根本不懂我的心情，如果你们懂的话，就不会再叫我努力一点，就不会告诉我这个世界不一样。"就因为她明明已经很努力了，但是所有人都告诉她，你要努力，你要开心快乐，你不要变成以前的陈韵如。其实陈韵如想要的不是被拯救，而是被接纳。

二、外界：给予关心，多点理解

近些年来，青少年自杀事件频频被报道，引起我们思考的不只是青少年的心理脆弱，就像剧中的陈韵如走向自杀不是简单的一时冲动，而是有迹可循。处于青春期的个体要面对生理成熟的巨大压力，同时还要面对社会的冲突和要求。在这一复杂的关系中个体变得困惑和混乱，要解决这一危机，青少年必须要积极地去探索、亲身经历并且总结过去，进而对自己有个清晰的认识。如果能顺利度过这一危机，自我同一性将得到统一。相反，如果没有顺利度过这一阶段，就会产生角色混乱，甚至不能正确适应生活中的角色。在这种同一性边缘上，他们有时候会试图逃避，或者试图去跳过这一阶段，一旦方法不得当将极有可能以极端的方式走向自我毁灭。如有些自杀的孩子，会因为自己不能达到主流社会要求的好孩子，而采用极端的特立独行的方式在另一面找到自己的认同感，来表现自己的能力。剧中的陈韵如，在他人眼里一直是乖巧听话的孩子，但是因为性格永远得不到圈子的认同。实际上她始终感觉自己是渺小的，因为她以压抑的方式按照主流社会的标准发展自己，但还是得不到大家的认同。性格中的不完美之处，始终不能被人接受，最终走向自暴自弃。

　　自我认同不仅仅跟个体的自我认识有关，还受到多方面的影响。有学者对影响青少年自我认同的因素进行了分类，主要包括两个方面：一是微观层面的因素，主要包括青少年主观自我意识的矛盾，即主观和客观的不一致、理想和现实的不一致。这些不一致容易导致青少年产生过度自负或过度自卑两种心态，因此无法建立起稳定的自我认同。个体自我认同与其自卑程度呈反向相关关系，即自我认同水平越低，自卑程度越高，对未来越感到困惑。

　　陈韵如多年来一直生活在一个缺爱的家庭，父母重男轻女的思想造成她自我概念中认为自己就是家里地位最低的，是没有人在乎的，于是她性格上自卑又沉默。在学校，同学又因为她的性格排斥她，她觉得没有任何人会在乎她。黄雨萱的出现让她发现，只有黄雨萱那种开朗自信的女孩子才能得到大家的喜爱，这是她理想的自我。于是她假装黄雨萱的样子，获得了他人的关心与喜爱。但她却在这一过程中迷失了自我。在这一切被自己最喜欢的人拆穿后，她终于醒悟，大家都不喜欢她，喜欢的是黄雨萱，这是理想与现实的差距。就像她在日记中写道："我在遗憾的青春中渐渐凋落，我在失落的荒原中学会了哭泣，我在扮演自己的过程中丢弃了我自己，我在心里最深处那关着灯的房间，吟唱着只有自己才能拥抱自己的情歌。"

　　二是宏观层面的因素，包括家庭、学校、社会等。其中父母的知识储备、价值观以及生活经验与态度，对子女过于溺爱或管教都会影响到青少年自我认同的发展。仔细了解陈韵如的家庭环境可知，她在家中是得不到父母的尊重的，因为父母重男轻女思想根深蒂固。父母对孩子的影响是最直接的，在青少年同一性危机的时候，也许一点小小的关注，也会给他们巨大的慰藉。剧中的黄雨萱与陈韵如虽然长得一模一样，但有着截然不同的家庭环境与性格。大家都喜欢黄雨萱，她代表现代主流社会中人们对女性的预想，她个性开朗、独立、勇敢。陈韵如自卑、胆小懦弱，现实中这种人是很少受到关注的，很少有人理解，而她们用尽全力想要获得他人的理解和认同。

这部剧以某种方式呼吁我们关注青少年中的弱势群体，他们虽然是特别的，但是他们也需要被接纳。"一个都得不到他人认可的人，怎么会认可自己呢。"这也提醒我们，如果你身边有"陈韵如"，希望你可以关注到她们，可以伸出善良的手，给她一个帮助，她需要的不是被拯救，而是真的被接纳。如果多给予他们一些肯定，不把他们的特殊当成特殊，或许可以减少许多悲剧的发生。

我们应该正视，当他们呐喊着讨厌这个世界时，不代表他们真的对世界很绝望，而是对这个世界有太多的期望。愿你我都可以多给予他们一点温柔。

三、学会：拥抱自己，接纳自己

《想见你》这部电视剧，想呈现的不只是陈韵如这一个角色，剧中三个主角各自都有一些特别的地方，而他们都无法正视自己的不同。王诠胜不能正视他与别人不同的性别取向，莫俊杰不能接受他的听力障碍，陈韵如不能接受她的胆小懦弱。某一次陈韵如穿越回自己身体，在学校天台的一个场景，她真正地接受了自己一次，那也是编剧想要传达给大家的。

她说："能被一个人放在心上从来都不是理所当然的事，不管那个人是谁，是家人还是朋友，都是非常难得的，都应该被好好珍惜。""我那么想要从世界消失不是因为我对世界太失望，而是我对这个世界有太多的期望。"剧中的陈韵如期望自己受到同学欢迎，期望爸爸妈妈珍惜她爱她，期望弟弟尊重她，期望她喜欢的男生可以喜欢她。

但是这一切都相反。陈韵如原生家庭非常不幸，妈妈是酒家女，在众人眼里低人一等的职业，她感觉自己生活在这样的家庭很丢脸。爸爸这个角色几乎没有出现。她也很少得到父母的关爱。父母重男轻女，离婚时，虽然嘴上吵着要带走一个，但其实两个人都在争夺弟弟。弟弟对待她的态度也非常差，非常不尊重她，对她呼来喝去，她在这个家里几乎是没有话语权的。她喜欢的男生不喜欢她。这一系列的因素导致她的性格非常阴郁、自卑和胆怯。她非常努力地想要找寻自我，可是没有人关心她。她把自己封锁起来，也没有什么朋友。她虽是优等生，也是家长眼中的乖孩子，那是因为她努力地扮演一个好学生希望可以得到他人的关注。但是并没得到父母的认同，同学的认同。实际上她内心深藏着自卑和懦弱，她不喜欢这个世界，也不喜欢自己，她惶恐于被抛弃。李子维的出现改变了她，与其说她喜欢的是李子维，不如说她内心中是向往李子维这样开朗大方的人的。越是暗淡孤独的人，越是向往阳光，李子维就是她的阳光。

她的性格决定了她的命运。黄雨萱的出现让她有机会变成这样的人，所以就算是模仿黄雨萱会迷失自己，她也愿意。在这里陈韵如缺少的是自我接纳的勇气，她太渴望变成黄雨萱这样的人，她以为这一切是可以通过模仿获得的，是可以努力得到的，却打心底否定原来的自己，就算她说："我跟你们一样不喜欢以前的自己"，并不是坦言接受以前的自己，而是从心底否定厌恶以前的自己。她看不到以前的自己的优点，在扮演他人的过程中也迷失了自己。以至于到最后她发出呐喊："我明明已经很努力了，为什么你们每个人还在要我再努力一点，要我再更好一点。"

看了这部电视剧，很多人表示大家心底都有一个黄雨萱，但是在我们的青春中，我们大部分人是陈韵如，有时候我们也会为了大众的标准去迎合，哪怕这样对我们来说很别扭，但是只要我们能够顺利地融入主流群体。对于成年人来说这很正常，但这对于青少年来说就是巨大的危机。在他们摸索自己的定位时，常常处于自我的认同与他人评价之间，从而在矛盾之中挣扎。

我们在同情陈韵如的同时，也要看到虽然陈韵如很可怜，但有一个默默守护她的莫俊杰。可惜的是，一个不能接受自己的人怎么能回头看到别人对她的爱呢？因为自己身处在黑暗中，所以她想要的是李子维那样阳光一般的人，而不是跟莫俊杰一样被救赎的人。陈韵如不知道的是她其实也是被爱着的，她有一个好舅舅；弟弟的叛逆不懂事是为了让父母能多看到姐姐的好；母亲为了养活他们抛下尊严去工作。

在成长中，我们身上一定都或多或少地有过陈韵如的影子，一定曾在自我认同与他人认同中挣扎过。也许我们可以试着去认识到每个人都是特殊的，去全面了解自己、发挥自己的优势，坦然地面对自己的缺陷，接受不那么完美的自己。把更多精力放在自己的内心上，不去跟他人比较，也没必要迎合，在真诚地接纳自己的基础上，就能自然地获取到他人的接纳，久而久之我们会感受到自己存在的意义。

编剧想告诉我们的是，我们每一个人都值得爱与被爱，承认自己的不完美，我们不需要强迫自己变成另一个样子。珍惜自己，珍惜亲友，珍惜这个不太好但是也不那么坏的世界。只要心怀希望，坦诚地接纳自己，就一定能抓住身边被忽视的美好。

每一个人都有存在的意义，即使是最暗淡的心也发着微弱的光。

（肖盈盈）

火花

——《心灵奇旅》中从迷失到成长的心理个案分析

中 文 名：心灵奇旅
英 文 名：SOUL
类 型：动画、剧情
上映时间：2020 年
片 长：101 分钟

剧情回眸

纽约的一名中学音乐教师乔伊·高纳为了追求自己的爵士梦，一直不断努力坚持练习，在成功获得和知名乐团的合作机会后，却意外掉进下水道，离开了现实世界，开启了一段奇妙的冒险……

乔伊从第一次听到爵士乐开始，就坚定了自己的爵士梦想，为了完成这个梦想，他把现在所经历的一切都当成是过渡阶段，即使是拿到了工作学校的转正通知，也没有丝毫开心。在母亲的不断劝说之下，才勉强答应会接受这份专职工作。与此同时，乔伊接到了一个和知名乐团合作的机会，他在试演时忘我的演出，最终让他获得了这次机会。本以为自己的爵士梦要开始的乔伊，却因为意外掉进了下水道。再次醒过来发现自己正在去往"投胎"的路上，无法接受的乔伊拼命逃离了这个地方，却又误入了另一个空间——"生之来处"。

乔伊顶替了一位老师的身份与灵魂"22"配对在一起，"22"是一个生之来处的"钉子户"，他需要帮助"22"找到灵魂的火花，这样才能有机会重返地球。有许多人都来帮助过"22"寻找火花，但是都失败了。她冷漠、孤僻而厌世，看惯了伟人的生平，对于乔伊这个"失败者"的一生产生了兴趣。极具目的和没有目的的特性，让两人走到了一起。

机缘巧合之中，两个人一起回到了地球，却产生了一些微妙的变化，"22"的灵魂进入到乔伊的身体之中，能够借助乔伊的身体感受现实生活；而乔伊的灵魂却进入到一只猫的体内，让他能有机会从旁观者的角度看看自己的生活。这一天的奇妙体验给两个人都带来了巨大的影响，让他们对自己的固有观点发生了改变。对于现实生活感到好奇的"22"想窃取乔伊的身体继续这种奇妙的体验，让乔伊感到愤怒，说出了许多让"22"感到难过的言语，最终也直接导致了"22"的"迷失"。

当乔伊在迷失之境找到"22"的时候，她已经深深地陷入了自卑自罪的思维之中，乔伊和"22"道歉，表示自己才是那个不知好歹的人，将"22"带出了迷失之境。这一次的经历让两个灵魂更加理解彼此，他们都在这一次的奇妙冒险中获得了成长。

最终"22"找到了属于自己的火花，可能这个火花并不是一个伟大的目标，但是它却足够坚定，能够让"22"感受到开心快乐；乔伊也在"22"的启发之下，找到了生活中微小的幸福，目标并不是一切，生活才是真实的！

案例点评

《心灵奇旅》的导演用梦幻的场景和奇妙的故事情节，给我们展示了社会上两种普遍却不易察觉的精神危机，两个主人公都有属于自己的精神危机。

主人公乔伊目标明确，近乎偏执地追求着自己的目标，几乎抛弃了除爵士之外的事情，求而不得的精神痛苦催促着他不断向前，梦想与现实生活完全分离，只期待目标达成之后的生活，认为现在所经历的一切都是毫无意义的。

另一个主人公"22"不知道自己想要什么，对什么都很难产生真正的兴趣，做什么事情都伴随着无意义感。当别人不断催促着"22"去找到热情和目标的时候，迷茫和压力就笼罩着她。为了能够合理化自己的选择，她不断加重自己"对凡事都不感兴趣"的消极意识和愤世嫉俗，以此告诉自己：我不是和大家不一样，我只是不想这样而已。

两种截然相反的精神危机最终指向的是相同的地方——生存焦虑。对于未来的不确定性和恐惧促使两个主人公向着不同的精神危机发展。这部影片以主人公找寻"火花"的过程中思维和观念的转变作为主线，向我们展示了：内化的焦虑和迷茫、潜意识超我的攻击以及心流和迷失等多种心理学元素。不禁让我们产生了疑问：生活的意义是什么？我们又该如何活着？

一、社会期望下的恐惧——"迷雾"产生

社会期望指的是群体根据个体所处的位置或者扮演的角色所给予的期待，简单来说就是"在正确的时间做应该做的事"。对于大多数人来说，社会期望会成为他们行为的部分动机，推动人们做得更好。但是对于一部分"离经叛道"的人来说，与他人的不一样、与社会期望不相同，则会带来深深的压力，催促着他们与群体保持一致。

在电影中，不论是地球上的母亲给予还在动摇的乔伊压力，劝说他放弃不切实际的爵士梦，接受中学音乐教师的全职工作；还是班上的同学对于康妮忘我演奏的嘲笑，认为在这样人人都不当一回事的课堂上认真演奏是"怪异"的；或者是心灵学院中所有人对于"22"找到火花的极力帮助，希望她能和大家一样尽快去往地球生活，这种社会期望所带来的压力如影随形。

很多时候，我们恐惧自己的不同，捆绑自己内心的要求，忽视自己身体的需要，只想要去完成目标。电影中乔伊和老船长在沙漠之海中航行的时候，会遇见很多在黑暗中踽踽独行的怪物。这些怪物用了太久去抗拒自己身体的需要和灵魂的欲望，最终失去了自己的理智，变成了沙漠中迷失的一员，连色调都变得暗淡。这样的状态是人脱离了与生活的联结，同时也脱离了灵魂和身体的联结。

在心理学上，弗洛伊德在自己的后期理论中，将自我理想的概念赋予超我之中，认为超我包含道德良心，也是自我理想的一部分。我们期待成为更好的人，期待成为与"榜样"一样的人，于是超我应运而生。可以说超我是社会化的产物，是社会文化承载的工具，同时也可能是恐惧和压力的来源。

困住自己的"迷雾"，在社会期望的压力之下，在超我的自我理想约束之下，逐渐形成……

二、恐惧的合理化——步入"迷雾"

电影中的"22"一出场就是一个顽皮的形象，她捉弄着不同的老师，抗拒着大家帮助她寻找火花；她见识过许许多多伟人精彩的一生，对去往地球不以为意；她看起来乐于在心灵学院待着，安于现状。事实上"22"的内心是恐惧的，看到其他人都顺利地去往地球，自己却一直找不到属于自己的火花。她将恐惧合理化为"不以为意"，于是她开始愤世嫉俗并以此为乐，不断加重自己"对凡事都加以排斥"的消极意识。

这样的恐惧也出现在另一个主人公乔伊身上。看起来乔伊是一个对生活非常有理想的人，生活有一个贯彻始终的重心——爵士乐，这样的生活有目标且充实。但是同时，梦想成真的不确定性也给他带来了深深的恐惧，所以他只能拼命地努力前行。乔伊将这样的恐惧归结于自己还没有实现梦想，只要梦想实现了，自己就会过上理想的生活。所以将除了爵士乐之外的事物都抛出了自己的生活，但是这样的生活，真的还算生活吗？

电影里"22"进入乔伊的身体里，体验了生活，她感受到风吹起她的领带，从没吃过的比萨的美妙味道，听见了树叶在风中沙沙作响，手接住了树上飘落下的花瓣，她从中感到幸福和快乐，这是从未有过的。于是她试探性地和乔伊说："也许看天空、走路就是我的火花。"灵魂进入猫身体里的乔伊却说："这才不是火花，这不过是平庸地活着。"这样的否定让"22"感到难过，同时她也在自我怀疑，是否自己真的错了。就这样外部否定变成了内部否定，"22"迷失了，她开始自我攻击，"不行，我不够好。"

被深深伤害的"22"退行到了黑暗沙漠之中，这里充满了迷失的灵魂，而"22"也成了其中一员。当乔伊失去"22"，来到这里找她时，"22"的心灵沙漠之中充斥着扭曲恐怖的叫声，每个声音都在告诉"22"，她不够好，所以才会这样。而在这些庞大的声音和扭曲的图像里，有一个喊叫着的图像就是乔伊，乔伊作为朋友对"22"带来的伤害永远地留在了"22"的心中。

当个体受到外界声音的伤害时，内化的外界声音成了"超我"的一部分，并且坚信外界声音的不准确的描述，不断伤害个体本身；外界标准演变成内部的自我攻击，外部的否定变成自我否定，陷入一种自罪思维中。正如"22"在被攻击后，不断重复的"不行，我不够好""我一无是处，我得填上最后一格""你的存在毫无意义"。

三、心流与迷失——深渊凝望

影片设计了一个美好梦幻的地方——忘我之境。当人们沉浸于事物之中，忽视外界的一切时，就会进入忘我之境。在这里有许多灵魂：有一些高高地飘荡在半空中，他们快乐地沉浸在自己要做的事情之中，比如快乐地弹钢琴的演奏家；而有些人不愿意放下焦虑和执念，被欲望驱使，他们会变成黑色的怪物游走在地面之上。比如交易员不断重复着"一定要成交""一定要成交"。

心流指的是一种完全沉浸在自己所做之事中，不愿意被打扰使这种情绪中断的状态，伴随着的是满足感和愉悦感。这个概念在很多时候都是一个美好的状态，比如乔伊在第一次乐团合奏时进入心流状态让他将自己的实力发挥出来，令大家大吃一惊，成功地得到了和知名乐手合作的机会。但是影片中也指出了"心流"的另一个方向——迷失。船长就是这些迷失灵魂的摆渡人，他说：迷失的灵魂和漂浮在忘我之境上空的灵魂事实上没有什么不同，一旦神游在忘我之境的灵魂始终沉溺其中脱离生活，也会逐渐迷失自己。

黄执中在一个关于热爱的辩题中曾说:"我们之所以尊敬、喜欢、拥抱它,是因为热情让我们看到更多,让我们生活变得明亮,变得有憧憬,变得晚上睡得着觉;如果热情带来的是排他,是嫉妒,是怨恨,是觉得别人在占我们的便宜,是在给别人压力或者给自己压力,那热情就没有什么好骄傲的了。"

专注和偏执仅仅只有一线之隔。正如船长所说,当我们忘我地沉浸在一件事情之中,迷失也在不远处。

四、生活的意义——走出"迷雾"

当"22"因为乔伊的言语伤害陷入自罪思维的时候,如何摆脱这种自罪思维?影片中乔伊潜入了"22"的心灵沙漠,并且告诉"22"自己才是那个不知好歹伤害了她的人,从而在"22"的心里种下了一颗种子:"我"是足够好的,我可以定义自己好与不好,说"我"不够好的人,不是我自己,而是"外界",而外界也不一定是"正确"的。这一颗小小的种子帮助"22"走出了迷雾,寻找到了生活的意义。

而生活的意义贯穿整部影片始终,"22"的灵魂借由乔伊的身体体验到了真实的世界,找到了自己的火花。但是同时更为重要的是,乔伊自己对于生活的意义的寻找。相较于"22"无意义到有意义的转变过程,乔伊的找寻之路更为艰难。

最具象征意义的一处,应当是乔伊对理发师的重新认识:他一直认为理发师手艺好、为人热情、善于倾听,总是听着自己讲爵士乐的事情,直到"22"和他的交流,他才知道对方曾经的理想是做个兽医,被其他因素"拖累"才选择以理发为生。

在乔伊看来,每个人都该有明确的理想和目标,如果不能实现或为之努力奋斗,人怎能就这样开心地做着和理想毫不相干的工作,丝毫看不出来曾经热爱其他事情呢。理发师的真实心态,对他来说是一次冲击——而乔伊之所以对此毫不知情,是因为他绝大部分时间都在谈论爵士乐,压根没有去了解别人的冲动。

在电影中，乔伊一直在追逐着自己的爵士梦，好像生命的意义就在于赶上那场演出，实现自己的人生理想。但是最终乔伊终于实现了自己的梦想，赢得了知名音乐人的认可，赢得了观众的喝彩，获得加入爵士乐团的资格，之后呢？他感受到的却是空虚和怅然若失。

乔伊将生活截然不同地划分成实现梦想前的生活和实现梦想后的生活，他有多渴望那个未来，就有多憎恨现在。在他看来，现在的生活毫无意义，现在的自己一无是处，他将所有的希望都寄托于梦想的实现，似乎只要梦想实现了，他就能瞬间变得截然不同，只有梦想成真之后的生活才是有意义的，现在的都是没有意义的，所以他全力以赴。而当他发现自己要死的时候，他的感受是：不可能吧，我的生活还没开始呢。乔伊觉得现在的生活不值得一过，不能算真正的生活。可这几十年就是切切实实地所经历的时光呀。而讽刺的是梦想实现后的生活，对他来说，似乎也是没有意义的怅然若失。

主人公"22"和乔伊一路走来，如同大部分人的22岁一样，从大学的"心灵学院"中走出，奔赴属于我们的"地球"生活。但并不是每个人都能幸运地找到属于自己的"火花"，所以有的人迷失、有的人停滞、有的人逃避。很多人就像"22"一样，见多了伟人的光辉一生，觉得自己如果不能过有意义的生活，剩下的一切都毫无意义。"22"在面对乔伊所说的"这就是平庸的生活"时迷失了。

什么是有意义呢？电影里把火花和目标进行了区别。火花是任何能激发出你对生命发出向往的东西。它可以是一个目标，也可以不是一个目标，像"22"一样，觉得抬头看天、吹风、吃比萨、看街头艺人的表演、和熟识的人放松地聊天，很愉快。那些愉快作为生命的火花，催生着人对生命的向往，也是完全可以的，并非一定要有所成就才配活着。

（张子怡）

○

第三编

婚恋心理个案分析

第一部分 理论篇

恋爱、婚姻作为人生大事，不同年龄、不同性别的个体看法各异。婚姻是恋爱的新阶段与发展，而对于婚恋，并非只是"在山之巅、在海之滨下的婚姻誓言"，也不是随意一句"我们以后结婚在一起"的简单约定。婚姻不只是两个人同心同意地相随陪伴，它还有家庭和社会的功能。婚姻中既存在困难与挑战，也会有爱与激情；会有平淡与从容，更会有矛盾与争吵。婚恋关系、婚恋心理、婚恋期待等问题常交织在婚恋选择与发展过程中，婚恋是个错综复杂的现象。本章节主要从婚恋心理的特征及性别差异、婚恋中常见的心理问题、婚恋心理咨询与治疗的主要理论流派概述、婚恋心理咨询与治疗的常用技术等方面进行阐述。

第一节 婚恋心理概述

一、婚恋心理的特征及性别差异

（一）婚恋心理的特征

1. 婚恋观受多方面因素影响

个体的婚恋观念受到外在环境与内在经验等多方合力的影响，其形成与原生家庭、学校教育、社会环境及自身性格特点、精神品格、思维方式、价值取向、生活习惯等方面息息相关，大体可划分为家庭、学校、个人素质及社会文化四类（李茂，刘鹏，王晨阳，2021）。家庭层面上，父母的教养方式、婚恋观念、恋爱方式、相处模式、生活表现等都会潜移默化地影响子女的择偶、恋爱、婚姻标准；学校层面，个体的受教育水平和价值观影响着人们的婚恋观；社会文化方面，网络媒体等平台的信息传播中出现的新潮思想观念，婚恋观的差异等也影响着一部分人群的思考方式。此外，个人的急功近利、浮躁心理，限制了自身的发展视野，势必影响婚恋观。

2. 认知多样化，新旧观念并存

随着社会发展，新旧文化产生冲突，新潮文化的崛起也逐渐影响未婚青年群体对于婚恋的看法，但在择偶方面新旧观念仍然交替并存。陈正祥（2009）等人的调查研究发现，传统婚恋观念中的"男强女弱"仍发挥着主导作用，男女对于婚姻关系角色认知存在差异，"男主外、女主内"作为传统观念仍然影响着人们婚恋择偶的思维方式，女性更趋向于选择比自身更为出色的男性作为另一半，而多数男性在选择另一半时对于对方的综合条件是不希望强于自己。研究中还发现，在回答"女性在婚姻中是否处于弱势"这个问题时，男性普遍给出了较为一致的答案：男女平等，而且可能地位更高。但女性在综合考虑生育因素、教养子女责任、社会工作压力等方面后，觉得女性仍在婚姻关系中处于弱势地位。中国的"俗语"，往往内化为相应的价值信条、伦理道德和行为模式，以文化契约的形式口耳相传，对中国人的"活法"产生着潜移默化的影响（肖莉，林钰婷，2003）。从有关婚姻的俗语看，以"门当户对"为例，在新旧婚恋观中呈现出不同的含义。在中国古代社会，门第家势、经济、社会地位上匹配十分重要。而当今虽然也会有潜在的"家庭匹配"的内涵，但同时也被赋予了新的定义：男女双方在思想上有共同的高度，在世界观、人生观、价值观上相互认同，在生活习惯、消费习惯上相似。虽然社会的发展进步，并没有完全削弱对于家庭环境、经济、社会地位在婚恋观中的重要地位，但男性和女性在选择地位上发生了变化，门第观念弱化，男女婚配也逐渐变成自由、开放、多元的一种由婚恋双方占据主动权的选择。

3. 婚姻期待

婚姻期待，指的是个体对婚姻的期望。研究发现，婚姻满意度更直接地受到婚姻期待满足程度的影响（吴波，黄希庭，2012）。女性在一定程度上对婚姻期待的满足程度更高，夫妻双方的婚姻满意度可能更好，在这样的条件下，女性发挥着一部分的主导作用。总体来看，未婚青年男女对于未来的婚恋对象的期待更高，对于未来婚姻的前景抱有希望的态度，对于婚姻期待的发展持理想化态度。

4. 多元化婚恋方式

随着网络信息的发达，人们思想意识的活跃，交友方式的扩大与多元化，也促进了婚恋方式的多元发展。人们在追求高质量恋爱的同时，也在追求个性化的选择。常见的婚恋方式有：通过公园相亲角，发布征婚信息，这种更多为家长们选择的方式；通过传统的婚介公司进行介绍，资源较多，进行信息和需求匹配；通过亲朋好友的互相介绍认识，这大多都会有家长压力和情面在，但在倾向于自由的青年人那里，目前也能接受；婚恋网站同婚介公司一样资源多，便捷，也成为一部分青年人选择的方式；征婚交友的APP在网络媒体环境下应运而生，在一定程度上推动了交友范围的扩大、满足了信息化社会的发展需要，也更为符合年轻人自由交友的需求；另外不局限于征婚交友的APP，各种社交软件、网络广告也都助推了网络文化下交友方式的改变。同时各企业、事业单位、商场内会组织一定的婚恋交友活动，通过志同道合的范围内的人群聚集，利用游戏互动等方式寻找可能适合的婚恋对象。而当下因青年人整体的乐观态度，使得目前的婚恋方式日趋多元，也为更多人提供了更为广阔的交友和自由婚恋选择的机会。

（二）婚恋心理的性别差异

1. 婚姻情感的差异

在情感心理上，男女差异较为明显。女性情感丰富，男性情感受到许多理念的抑制相对较少；女性比男性更易动情，表现为爱哭、情绪波动大；男性情感粗犷，女性情感细腻；男性的情感较为强烈而短暂，女性的情感较为温和且持久；男性感情刚劲，女性感情脆弱；对感情的处理，女性更为感性，男性更为理性；女性的情感具有较低的相对独立性，较多地受他人或环境的影响，很注重或在意他人对自己的看法与态度，而男性的情感较少受到他人或环境的影响，不盲目追逐时尚和潮流，具有较高的相对独立性。此外，在情感表达方式上，男女也存在明显差异。女性的情感表达常表现出委婉、含蓄等特点。而男性则喜欢直截了当，不喜欢兜圈子（徐光兴，欧阳阳光，2013）。

2. 男女心理需求的差异

女性在心理需求方面表现出以下常见特点：事业心强，喜欢恭维，喜欢能倾听的男性，喜欢有独处的时间，对爱情更实际、执着，更希望在双方关系中得到平等尊重。男性在心理需求方面则体现出如下特点：对女性偏爱于一见钟情，爱听赞美的话，"一家之主"观念强烈，"性压力"较大，不愿花太多时间陪女人逛街等。

3. 男女择偶标准的错位

从社会学角度思考，男女互相婚配选择的过程就是择偶条件的相互置换。总体上看，未婚男女的择偶标准在个人、家庭、生理三大因素上有显著差异。在个人因素方面，女性更多关注男性的受教育程度、收入高低，性格方面两者都有更高的要求；在家庭因素上，女性对于未来配偶的家庭背景、住房等存在要求；在生理因素上，男性对于外貌、身材、年龄和身体状况都有较高的重视，女性则对身高存在一定程度的要求。

4. 婚恋选择倾向不同

女性群体从总体上看在婚恋选择上考虑的因素更加多元，综合来看，35岁以下女性比35岁以下男性对婚恋对象的要求更高。因为在该年龄段女性在婚恋选择中优势更多，年龄是优势中重要的一项。35岁以下女性在婚恋选择中更倾向于选择经济实力、相貌、事业帮助、支持陪伴方面更好的男性，同等年龄段下男性更关注是否情投意合、发展潜力多少、生活习惯如何等因素。而36—60岁的女性的选择却大体同35岁以下男性的选择，还较为重视相貌因素；同年龄段男性依然关注发展潜力，并将生儿育女纳入考虑因素中。

二、婚恋中常见的心理问题

（一）恋爱中的常见心理问题

1. 从众心理

存在这种心理的人对恋人的看法缺乏自己的主见，非常在意别人的看法或意见，别人认为好自己则觉得很得意，别人若说不好就会觉得不理想。由于缺乏主见，往往可能会错过自己的爱情和姻缘。

2. 理想化

恋爱中如果存在过于理想化或求全的心理，把选择对象的标准定得过高，超出现实情况，将会极大缩小择偶范围，减少恋爱的成功率。尤其是对于大龄青年，这种现象更为明显。

3. 自卑心理

有些个体由于生理缺陷或职业原因、经济原因等，可能会导致在追求对象时存在自卑心理。存在这种心理的个体常常离群索居，不愿在公开场合出现，也不愿与异性交往，遇到心仪的对象时总担心对方看不起自己或不满意，不敢大胆追求对方而错失很多机会。

4. 以自我为中心

存在这种心理的人，强调以自己为中心，希望恋人能够听自己的话，围着自己转并迎合自己的各种需求，但从不考虑对方的需求、兴趣爱好或价值观等，因而较难得到异性的认同或喜爱。

5. 男权心理

持有这种心理的人常受传统观念的影响，认为男性应该要比女性更强、更优秀，包括文化水平、经济地位等，如果认为自己低于女方则缺乏勇气去与对方建立关系。同样，也有部分女性希望男性要在各个方面强于自己。

6. 攀比心理

这种类型的人易受周围环境或周边朋友的影响，对事情的处理缺乏慎重考虑，对恋爱对象的选择常常喜欢攀比、人云亦云，而不考虑自己是否真正喜欢对方。

7. 嫉妒心理

持有这种心理的人，当发现自己心仪的对象与其他异性对象关系亲密时，心理感觉非常不舒服，甚至会采取打击报复的心态来处理与朋友的关系。

（二）婚姻中的常见心理问题

1. 经济问题

婚后由于各种现实问题的出现，如房贷、车贷、孩子的抚养费等各种生活开支的增加，可能会导致夫妻双方存在各种争执与矛盾。

2. 关系淡漠

许多夫妻由于婚前属于一见钟情或冲动型，爱情基础较薄弱，缺乏较深入的了解，导致婚后激情过后关系变得较为淡薄。

3. 孩子教育问题的分歧

夫妻双方在对待孩子的教育问题上如果所持的观点不统一，存在较大的分歧，例如，一方对孩子较宠爱甚至溺爱，另一方却要求严格，将会导致各种矛盾与争执。

4. 代际沟通问题

家庭中代际沟通不顺，存在较大隔阂会导致夫妻双方矛盾冲突明显。尤其是婆媳问题，是普遍存在的难题。很多时候夫妻双方出现的矛盾并不纯粹是双方感情的问题，更多的是双方在处理婆媳关系上的意见或态度不一致，由于这种矛盾甚至有时候会导致以离婚收场。

5. 婚外情

随着物质生活的提高与改善，人对自我的追求也有了新的要求，人们更多地注重个体的享受、性的猎奇或新异情趣的追求，导致婚外情的出现概率增加；人权的明朗化、舆论对婚外情的宽容与指责弱化、各种网络媒体信息的传播渲染、夫妻性生活关系的失谐、追求功利、性报复等因素也催生了更多的婚外情（汤笑，2006）。

第二节　婚恋心理咨询与治疗

随着社会经济的快速发展，人们的价值观也产生了变化，传统的、稳定的婚姻观念开始受到越来越多的冲击。如何看待婚恋中的各种现象、如何拥有幸福美满的婚姻已经成为大部分人迫切希望知道的答案和破解的秘密。本节主要从两性吸引的心理学奥秘开始探讨，接着对婚恋心理咨询与治疗中常见的模式进行概述，并对婚姻心理咨询与治疗的基本原则及常用技术做了相关介绍。

一、两性吸引的心理学奥秘

吸引力是爱情的基础，那亲密关系是怎样开始的呢？是什么推动了友谊与浪漫之情的发展？这当中存在什么样的奥秘呢？

1. 身体外表的吸引力

要喜欢对方，首先彼此需要接近，不管是身体上，还是心理上，只有当彼此接近时才有可能发展感情。多数情况下我们的友谊和浪漫是缘于与周围人的交往。与人见面不一定会爱上他们，但爱上他们则必须要先见到他们。实际上的接近和人际吸引之间有着显然的联系。在其他各种条件相同时，近在身边的同伴要比相对较远的更有优势，有距离的关系回报性会更小，长距离的浪漫关系通常没有身边的浪漫关系那样更令人满意。分离易使双方关系受挫，对于已婚的人来说，分开一段时间比住在一起更容易离婚。

接近虽然能够增加吸引力，但其作用是有限的。接近使得相互交往成为可能，但如果双方交往不愉快，我们可能会更不喜欢他们。

外表吸引力对第一印象的形成具有重要的作用。通常认为面容长得好看的更令人喜欢，也更好。传统的思维定式认为，长得好看的人也拥有优秀的品质，与他们的外形相匹配。一般认为，具有"娃娃脸"特征的女子，如大眼睛、小鼻子、小下巴及饱满的双唇，更为迷人。美丽的女子同时具有这些娃娃脸的特征与成熟美的特征，如突出的颧骨、窄脸颊及灿烂的笑容。男性认为体重适宜、不胖不瘦、腰身明显细于臀部的女性身体更具魅力。最迷人的腰臀比例是 0.7，即腰部比臀部细 30%。大部分男性也更喜欢丰满的女性。此外，从进化心理学的角度来看，现代男性普遍喜欢面孔特征对称、娃娃脸、低腰臀比例的女性，这是一种进化倾向，是植根于人类的本性。男性认为这种类型的女性生育能力强、更健康、更能成功繁衍下一代。

男性的吸引力相对来说会显得更为复杂些。拥有强壮的下巴和宽阔前额的男性看上去坚强而自信，通常认为是英俊的。当腰仅比臀部略窄，腰臀比例是 0.9 时，男性身体最具吸引力。当然，如果男性没有其他资源，只有一个好身材，并不能吸引女性。只有当他能挣一份体面的薪水时，他的腰臀比例才会影响女性对他的评价。当然，双方吸引力的标准也受文化等因素的影响（布雷姆，米勒等，2010）。

2. 伴侣匹配假说

这种假说认为，人们倾向于找那些与自己在身体吸引力方面相似，而不是比自己强的对象做伴侣。伴侣匹配理论中强调双方的结合不仅要看外表的美丽，还要看年龄、教育水平、宗教信仰、性生活和谐及社会地位和经济实力等综合因素。研究表明，那些拥有长期亲密关系的伴侣更容易在身体吸引力方面相似。例如，年轻的夫妻更倾向于寻找在体重、受教育程度或经济地位方面差距不大的对象。当然，匹配假说中也有些例外，如有些相貌不匹配的伴侣，他们在态度和人格方面的相似性有时候也可能平衡或抵消身体吸引力方面的差异。这些例外也说明，当一方某方面的优势不足时，可能会以另外一方面的优势因素来平衡或弥补某一方伴侣身体吸引力不足的问题。如一个非常漂亮的女性嫁给一个相貌一般却拥有较多财富的男子（徐光兴，2009）。

此外，双方之间的互惠性也是相互吸引的一个重要因素。例如，当我们感受到被人喜欢、夸奖时，我们倾向于也向对方回馈这些感受与评价。

当我们与陌生人接触时，如果觉得对方与我们在很多方面相似时，我们会更倾向于表现出温暖、坦白直率等性格特点。

二、婚姻心理咨询与治疗的常见模式概述

虽然婚姻治疗的观念在临床上运用已有数十年，但是关于这方面的治疗模式还没有较固定和系统的学说或模式，更多的是在个体心理治疗与家庭治疗学说的基础之上建立起来的普适性的治疗模式。常见的治疗模式有以下几种：

1. 支持性婚姻治疗

支持性婚姻治疗指的是当一对夫妇遭遇重大困难而不知所措的时候，治疗师适时地给予所需的情绪上的支持、认知上的指点，以帮助他们能善用夫妇的潜力，以较有效的方式去解除或减少所面对的挫折。它是一种较为常见的婚姻治疗方法（曾文星，2001）。这种模式的治疗可以从挫折与适应观念了解夫妻所遭遇的困难、鼓励夫妻要有度过危机与应对长期性困难的心理准备、教会夫妻适应困难的简单技巧等方面着手。

2. 结构与策略性婚姻治疗

结构与策略性婚姻治疗与家庭的结构性治疗具有相同的取向，只是治疗时仅针对夫妻两人的人际关系。例如，如果一对夫妻所面对的问题并不是外来的困难或挫折，而是夫妻之间本身的相处问题，如沟通的困难、情感的表达问题、角色的扮演不合适的问题等时，可以考虑采用结构性的婚姻治疗，治疗中强调把重点放在夫妇二人间的来往与结构的层次上。结构性的婚姻治疗的出发点为：从结构的角度来理解夫妻双方的关系与行为。例如，可以从两人间的情感、相互表达与沟通的情况、夫妻角色的扮演等方面去探讨，从而达到改善两者在结构上的婚姻关系的目的。策略性的婚姻治疗是指在了解来访者的情况后，还要策划制定相关的治疗程序与策略。有时候，夫妻双方不乐意遵循治疗的方向时，还要采用较特殊的、策略性的技巧来进行治疗。

3. 行为婚姻治疗

行为婚姻治疗指的是把行为主义的基本理论运用于婚姻问题的解决。该治疗模式认为，所有的行为都遵循"条件化"的原则，通过奖励或处罚的手段达到强化或消除夫妻间所表现的行为反应，包括非适应性或适应性的。夫妻关系是否适应良好，要看夫妻间所交换的"正性反应"与"负性反应"的多少与比例。假如夫妻间常相互交换正性的反应较多，夫妻关系就会较为满意，而婚姻也就幸福稳定。反之，夫妻间交换正性反应少，且常发生负性的反应，双方经常关系不好，则婚姻也会出现问题。因此，该治疗模式的重点在于协助夫妻增加彼此间的正性反应，而减少负性反应。

4. 分析性婚姻治疗

分析性婚姻治疗主要运用精神分析的基本原理，以"动态"的取向去探讨婚姻问题的本质、影响夫妻关系可能存在的情结并致力于改善。该治疗模式强调情感与行为往往根源于过去的心理经验，与早期的人格发育及情结有关。分析性婚姻治疗的重点是去分析这些影响夫妻关系的心理症结并从而去修正和改善。此外，分析性治疗的另一着眼点是个人心理防卫机制的探讨。治疗过程中通常会分析夫妻两人相互采用何种反应方式来适应彼此，或处理外来的困难。因此，治疗的核心是研讨并督促夫妻采用较成熟的适应方式去改善他们的关系。

三、婚姻心理咨询与治疗的基本原则及常用技术

（一）基本原则

1. 治疗的目标与焦点放在婚姻问题本身

开始进入治疗时经常会发现，问题的症结可能是多方面的，很多内容需要去考虑。例如，个人的过去情结、性格问题、全家的经济问题、子女的躯体疾病问题等等，有时候不知从何处着手，或者会觉得处处都需要辅导。在这种情况下，治疗的重心与目标仍需放在婚姻治疗上，舍弃对其他事情的顾虑。

2. 关注现在，少追究过去

治疗中切忌过分把时间花费在对过去事情的追究上，而需把治疗的重点放在当下。婚姻治疗的目的是改善目前的问题，如果过多地对过去的经历、创伤等进行追究易让方向走偏，这也是治疗上的一种失策。此外，过于追究以前的不愉快的事情，更易增加彼此的不良关系，最好的办法是等双方情绪稳定了再来探讨以前的事情可能更为理性。

3. 多讲感情，少讲道理

夫妻双方的结合主要以感情为主，出现问题或裂痕如果只是一味地与对方讲道理而忽略感情，则只能适得其反。因此，治疗中要协助双方多去表达正性的感情，尽量避免或减少负性的情感。多说赞美、关心对方的话，少用出气骂人的话语去攻击和伤害对方。

4. 保持中立，不偏袒任何一方

治疗中，对双方出现的问题进行分析与判断时，治疗师有时候可能会出现反移情的现象，从而导致偏袒或同情某一方，进而做出有失中立的判断或决定。这可能会导致治疗关系出现失衡现象而破坏咨访关系，带来各种矛盾冲突甚至法律上的问题。因此，保持咨询中一贯奉行的中立原则十分重要。

（二）常用技术

1. 改观重解，转负为正

改观重解（reframe）技术指的是每件事常能从不同的观点与角度来说明，如果能学会从好的观点与立场来说明与解释，内容就好听得多，且令人愉悦。学会常从"好的"方向去做解释，少用"不好"的眼光来批评，事情就会变得乐观而且令人舒服。治疗者需帮助夫妻双方进行改观重解，增加夫妻间的"正性交流"，通过长期的正强化训练与坚持可达到改善婚姻关系的目的。

2. 现场演练，改善行为

治疗中治疗师通过观察双方的行为反应方式，可以借机让他们现场练习需要更改的行为。由于夫妻双方的一些不良行为反应虽然大家都知道或明白，但是"知易行难"，导致很多不良行为难以更改。因此，治疗师可以现场要求夫妻双方进行演练，学习新的行为反应方式，必要时，治疗师可以进行示范、纠正。

3. 布置家庭作业，巩固治疗效果

由于治疗师与来访者接触时间有限，对于在咨询或治疗中需要夫妻双方巩固和完成的相关练习任务，可通过布置家庭作业的形式让他们在实际生活中去练习和强化，以达到巩固治疗的效果，最终改善双方的关系。

4. 过境设想

过境设想指的是让夫妻双方去想象当事情不能解决时，可能会发生何种结果，让他们假设性地处身设想。通过这种预测性的想象，让他们体会是否可接受其想要的结果，希望他们能较理智地判断，做出取舍。例如，受一时情感的影响，决心想分离的夫妻，治疗师可提议让他们去讨论，假如离婚以后，如何安排居住，如何负担经济，如何分配及养育子女，是否要再婚，再婚后与子女如何相处等。经由对这些现实的预定性接触，让他们过境设想，考虑实际上可能会遭遇的各种情况、彼此会发生的反应及可能处理的方法。经过这些很现实的接触后，回头再考虑是否要朝此方向做选择。有些一时情绪冲动而提议负性抉择的，可能回心转意，重新考虑如何正性地改善他们目前的关系。

第二部分 实战篇

我们还能相爱多久？

——《婚姻故事》中的婚恋心理解读

中 文 名：婚姻故事

英 文 名：Marriage Story

上映日期：2019 年

片　　长：136 分钟

剧情回眸

　　故事讲述了一对结婚十年的夫妻因为理念不合从彼此相爱到渐行渐远，最后两人决定离婚的故事。男主人公叫查理，是一名才华横溢的话剧导演，他导演的话剧即将登上百老汇的舞台；女主人公叫妮可，曾是查理话剧团中的一位女演员。接触中他们互相仰慕和倾心，因此很快组建了一个属于自己的家庭并有一个叫亨利的 8 岁儿子，一家三口住在纽约，日子过得平淡却幸福。后来，妮可出演了一部小规模的热门影片，加上多年的舞台剧的演出经验，让妮可的表演水平和公信力得到逐渐提高。某一天，她得到机会去美国洛杉矶参与拍摄一部科幻电视连续剧。因为妮可事业上的新发展，再加上其他一些因素，他们两人的感情触礁了。妮可感觉自己在查理眼中的意义被忽视，婚姻让她变成了媳妇和妈妈，生活中感觉已失去自我。由于感觉双方的理念不合，查理和妮可都有了离婚的想法。然而，因为他们有一个儿子，两人就儿子亨利的探视权与监护权问题发生了争执。因此，查理决定用法律手段来完成离婚。随后，妮可前往美国洛杉矶拍摄电视剧的试播集并把儿子亨利送去当地一所小学，跟她妈妈生活在一起了一段时间。同时，妮可也为自己聘请了离婚律师。夫妻两人一开始想和平分手的计划就被搁置了。从此，一场充满硝烟的为争夺抚养权的离婚拉锯战越演越烈……

案例分析

影片真实细腻地描绘了妮可与查理二人从相识到相爱再到磨合失败以离婚收场的故事。在这场离婚的拉锯战中，既有争吵，也有不舍，正如大多数人的婚姻中总有经历过感动，也有为彼此无法协调的矛盾而痛感惋惜之处。同样，影片也犀利地呈现出婚姻和爱情的多面性与亲密关系的复杂性，它给正在恋爱中或将要步入婚姻殿堂的情侣们较多的启示。

一、婚姻"经营"的秘密

幸福的婚姻往往是充满了爱的婚姻，夫妻因为相爱而结合，婚后如果能够克服各种琐事与困难，努力不给爱情减分，那么这样的爱情就像一杯可口迷人的美酒，让人迷醉。然而，生活中却并非都能如意。

影片中许多镜头道出了婚姻中的千姿百态，既有甜蜜和喜悦，也有众多的无奈……

片段一："我爱妮可，因为她愿意倾听，总能处理好家庭琐事，帮我和儿子剪头发。作为母亲对孩子从不厌烦……她本来可以成为一个电影明星，但为了我放弃了这一切……"

　　片段二："我爱查理，因为他无所畏惧，极其注意整洁，衣品很好，很独立，会做家务，从容接受我的情绪，很喜欢当爸爸，对于带孩子之类的麻烦事也愿意分担……"

　　片段三："我认识他两秒就爱上他了，就算爱他已经没有意义了，我今生还是会爱着他。"

　　片段四："说实话，所有的问题一开始就有了。但是我就顺着他，因为感觉太好了。因为我活了起来。"

　　……

　　想要维护和延续自己的婚姻所带来的幸福，则夫妻双方都需要努力学习与经营好自己的婚姻。

　　首先，我们需要问自己，你了解你的伴侣吗？在亲密关系中，伴侣们可能对彼此的认知呈现一种理想化的情形。但是，随着关系的发展与时间的推移，两人确实对彼此了解了更多，结果大家会发现我们并不像以前想象的那样了解自己的伴侣。剧中两个原本非常和睦、相爱的夫妻，却因为妮可在影视圈的名气越来越大，她想要去洛杉矶深造发展好自己的事业与丈夫查理发生了冲突，导致了离婚拉锯战的开始。查理难以理解妻子作为一个女人为什么要这样一直往上爬，同样，妻子妮可也完全不理解丈夫作为自己的男人为什么不是很希望自己的事业发展得越来越好。一直以来妮可觉得自己在承受着委屈，处处顺着查理，久而久之自己的意见已变得微不足道。妮可非常感慨地说道："我不曾真正活过，我只是成就他的存在；我不属于我自己。"查理希望自己的妻子能够在家带着孩子守护好这个家，做个贤妻良母就够了。但是妮可认为这样的话，她会失去自我。妮可认为，一开始她是一个演员、明星，很多人都知道她，可是婚后由于帮着发展查理的事业，她自己慢慢被各种家庭琐事给淹没了。"我以为生孩子这件事，是属于我们两个人的事，但到最后我才发现，这其实是我一个人的事……"
妮可希望独立与自由。罗曼·罗兰曾说过一句非常经典的名言："婚姻的唯
一伟大之处，在于唯一的爱情，以及两颗心的互相理解和尊重。"然而，在
影片中我们看到，这对夫妻在关系的处理中缺乏理解与尊重。

要做到理解与尊重需要学会沟通。研究发现，如果配偶们更多自我表
露，那么他们的婚姻会更加幸福。但是，我们在表达思想、与伴侣们交流
时并不总是带来积极的结果。交流与沟通不畅可能会导致不良后果，伴侣
们会苦恼且不满意。不幸福的伴侣的语言交流常引发不满，使情况变得更
加糟糕。

夫妻交流中需学会积极地倾听。积极地倾听有助于缓解在任何关系中
可能遇到的不快。懂得使用一些沟通与交流的技巧会让人们拥有和维持更
好的幸福婚姻关系。夫妻双方发生矛盾争执时保持礼貌与冷静显得非常重
要，即使有时候被对方的言语所激怒。回顾影片中非常具有杀伤力的对白：

查理："你现在的样子就像你妈，你爸，还有我妈，我爸，你集合了他
们四个人的缺点于一身，有时候我看你躺在我身边，我都觉得恶心……"

妮可："所以你才出轨，所以你才睡了我们的同事是吗？""我真不敢
相信我这一辈子都摆脱不了你了，你操纵了我，你毁了我的人生……"

查理："我每天早上醒来，都希望你被车撞死，希望你得重病，希望你
马上死掉……"

当然，人被激怒的时候很难做到保持清醒，但生气的时候口不择言的
话语会把对方伤得遍体鳞伤、鲜血直流。因此，在生气的时候保持冷静显
得非常重要。在任何情况下，双方都不应该翻来覆去地彼此侮辱或讥讽。
如果发现自己处于一种消极的情感状态下，可以试着暂时停顿下来打破这
个怪圈。例如，你可以尝试这样对伴侣说："亲爱的，我太生气了，想不清
楚。给我十分钟让我平静一下。"等你不再这样愤怒的时候再回到这个问题
上来。也可以独自一人每分钟做 6 个深呼吸，你会比自己预想得更快地平

静下来。

争吵对于一对正常的夫妻来说是很正常的一件事，婚姻生活中甚至可以说是必不可少的。没有争吵，两人的感情就不会健康发展，因为争吵中可能会对对方袒露真实的情感，有时候关系越密切，争吵也变得越为重要。交友过程中，推心置腹的争吵能使友情进一步巩固，从不争吵的伙伴关系反而易破裂，他们只是为了维持关系才避免争吵。争吵不可避免，但是夫妻间的争吵需要遵守相关的规则与底线。常见的规则有：（1）不在争吵中威胁对方，特别是对身体上构成威胁；（2）酒后不争吵，酒精易夸大个人的情绪；（3）争论的问题仅限于当前存在争执的问题，不要牵扯其他内容；（4）保持冷静，弄清楚双方争吵的原因，找到一个均能接受的解决办法；（5）做错时，学会道歉，放弃争吵中一定要自己占上风的想法；（6）做好自己的情绪管理，不互相揭短。

夫妻关系的维护还需做到良好沟通。沟通中双方发言的机会要均等，不能一言堂；交谈时还需积极关注，不能够敷衍了事，心不在焉。此外，每天学会发自内心地赞美对方，学会每天最少花一分钟赞美对方，这种方式对于提高婚姻的幸福与美满度能够起到至关重要的作用。虽然看似短暂的一分钟赞美，但是长期保持这种交流方式却能够坚定对方的信心，能让对方享受到成功的愉悦、得到心理的满足。赞美需要注意的是，内容要客观适度，语言要适当地艺术化。

二、我们还能爱多久？

随着时间的流逝，爱情会变质吗？爱会持续多久？由于爱情与爱人的类型各不相同，我们对于这个问题很难给出确切的答案。但是一个简单且普遍的道理是，人们结婚后浪漫的爱情开始减少。随着时间的推移，浪漫和激情之爱的得分也随之降低。过了几年之后，丈夫和妻子们会发现，他们不再像当初那样声称他们可以为对方做任何事，也不再像当初那样凝视对方时自己会融化在对方的眼神里。也有研究发现，浪漫爱情的减少有时候会非常迅速。仅仅结婚两年后，伴侣间彼此表达亲密的时间比新婚夫妇减少了一半。影片开头，妮可曾提到查理总是沉浸在自己的世界中，而查理则强调，妮可是他一直最喜欢的演员。结婚后，在他们二人的婚姻世界里，更多的不是扮演丈夫与妻子的角色，而是将工作中的导演与演员的身份延续并带入到了家庭生活中来。各种生活、家庭中的琐事让曾经的浪漫爱情变得不再依旧。

查理与妮可二十岁左右相遇，并且两个人都才华横溢，事业上前途一片光明，两个人在一起也非常和睦。然而，几年之后，妻子逐渐被岁月摧残，查理更多地希望妮可能够为家庭付出更多些；妮可也意识到查理总是在有意无意地阻挠她的发展，感觉自己只不过是查理梦想的延伸。于是，妮可认为唯有离开他才能继续追逐自己的梦想。

那是什么原因让曾经的浪漫爱情不能持久呢？首先，幻想助长了浪漫。在某种程度上爱情是盲目的。人们常常被激情冲昏了头脑，互相倾向于把恋爱对象理想化，因此弱化或忽略了那些让他们不确定的信息。对伴侣的理想化赞美助长了浪漫，当人们开始在一起时，现实生活中各种琐事的侵入让浪漫逐渐减弱。另外，新的恋情中仅新奇本身也会增加激动和能量。例如，初吻比接下来的成千上万次更令人震颤。当伴侣们产生激情和入迷时，他们不会意识到同样一个伴侣会在若干年后是多么熟悉和习以为常。然而，一旦关系确定并建立，新奇感与激情会渐渐消退。有研究发现，伴侣间的性爱频率在婚姻的过程中会持续下降。

那如何让爱保持得更为持久呢？通常认为，促使人们结婚的爱并不是使他们在几十年后依旧牵手同行的爱。亲密比激情更为稳定。友伴之爱也比浪漫之爱更为稳定。幸福的婚姻中，伴侣对配偶表达了更多的友伴之爱。尽管这个时候激情没有当初的强烈，但是这种友伴之爱对伴侣而言却更令人满足。婚姻中我们可以享受激情，但是却不能一直寄希望于这种激情作为关系长期持续的基础。与爱人间培养一种友谊并保持新鲜感，抓住每次机会与你的配偶享受新奇之旅的探索会让你的婚姻更加幸福和睦。

三、离婚后，我们还是朋友吗？

随着时代和社会的变迁，离婚率攀高不少。2022 年最新公布的全国民政事业统计数据显示，第一季度全国共有 46.5 万对夫妻办理了离婚手续，较去年增长 17.1%。平均每天约有 5000 个家庭解体，中国连续 7 年离婚率递增。也有数据显示，美国约有 45%—50% 的家庭会以离异结束。离婚成了一个全球性的问题。

研究表明，离婚出现的可能因素或常见预测指标主要有以下几个：（1）伴侣对婚姻的预期过高。（2）女性经济地位和角色的转变。（3）性观念的变化。（4）功利主义。（5）代际传递。如果父母有过离婚史，其子女也易离婚；第二次婚姻比第一次婚姻的离婚率更高。（6）婚前同居和未婚先孕。大多数研究表明，婚前同居、未婚先孕与高离婚率显著相关。（7）人格特质。多个纵向研究表明，神经质与高离婚率显著相关。（8）生活中的压力事件。生活中压力事件的出现增加了离婚的可能性。此外，离婚也具有较高的"传染性"。

离婚后，伴侣们体验到的主观幸福感普遍降低，他们感受到更多的焦虑、沮丧、困惑或敌意等，男女双方也担心、害怕孤独。离婚后，人际关系也会发生显著变化。离婚后伴侣与朋友在一起的社交时间增加，尤其是第一年。分手期间，朋友和亲属是其最重要的社会支持力量。总体上来看，女性比男性更依赖社会支持。分手或离婚后，伴侣们将不再联系，但是，对大多数人来说，联系不会立刻中断。这时，分手的配偶间有强烈的爱恨交加的情绪，也有可能在愤怒爆发后有重归于好的矛盾愿望。在很多个案研究中发现，多数婚姻结束之后，双方还可能保持对前配偶的某种依恋感，但这种依恋随着时间的推移会慢慢消退，就像孩子同父母的依恋一样。无论是儿童还是成人，依恋的失去都会导致分离的痛苦，激起一些情绪和反应，如狂怒、焦虑、不安、恐惧或惊慌等。

有研究者把离婚后的关系区分为四类：势不两立的仇敌；愤怒的熟人；

合作的同事；完美的朋友。对于前两者，配偶间的愤怒仍然是他们关系的一部分。愤怒的熟人仍以某种容忍度来共同抚养孩子，势不两立的仇敌则几乎完全没有容忍度。合作的同事不是好朋友，但他们能成功地合作来完成抚养孩子的任务。完美的朋友这种类型则维持了带有相互尊重的强大友谊且不会因为决定分开生活而受损的这种心态。

查理和妮可两人虽然婚姻已破局，但是心里却还是会为对方着想。从影片的镜头中我们可以看到：点外卖的时候，有选择恐惧的查理不知道该吃什么，很纠结。看到这种情况，妮可拿过菜单，帮他点好了他最喜欢的沙拉。妮可家的电动门坏了，查理接到消息后立刻赶到她家帮她修理……

虽然他们要离婚了，可作为曾经相爱的伴侣，加上有他们的儿子亨利的连接，他们之间仍然有千丝万缕的联系，两人不会因为要离婚了，就成了完全的陌路人。婚姻虽然幻灭，但爱意仍存。

电影最后的镜头呈现了妮可和查理离婚后一幅温馨的画面：查理来接儿子过节准备离开之时，妮可叫住了他并为他系好了散开的鞋带。正如当年电影定档海报中的广告词所言："我永远不会停止爱你，尽管已经没有意义。"同样，电影导演诺亚·鲍姆巴赫也曾说过："离婚不是一场失败，它是对我们之间以往美好回忆和仍然存在的爱意的一场礼赞。"

婚姻是一座精美的建筑，相惜相爱为根基。愿天下眷属："芝兰茂千载，琴瑟乐百年。"

（王　挺）

寂寞的影子里诉说风的故事

——一例运用读书疗法进行婚姻心理咨询的个案

案例简介

（案例中，咨询师简称 X，来访者中，丈夫简称 S；妻子简称 H）

案例的当事人是一对结婚四年的夫妻。34 岁的丈夫 S，是政府部门年轻有为的公务员，除了拥有名牌大学研究生学历外，还拥有广泛的社会人际资源；比他小三岁的妻子 H，大学毕业后进了银行任财会人员，性格开朗，喜欢跳舞，交游甚广；他们有个三岁的儿子，目前放在外婆身边抚养。

S 带妻子来咨询的目的是要深刻改变妻子的思想，这是他的底线，为了儿子也是为了最后挽救妻子，如果无法改变，唯一可以做的就是：离婚！他认为妻子简直不可理喻，蠢得像头猪，就像一颗随时会爆炸的定时炸弹，再这样下去不是你死就是我亡。

H 说自己确实犯了错误，是件很丢脸的丑事，丈夫接受不了，自己也无地自容。丈夫对她打也打过了，骂也骂过了，有时候夜里睡觉前丈夫会在床前放一把刀，然后开始审问她。她说这样下去她一辈子也抬不起头来，因此她为了儿子，"愿意"接受咨询，如果咨询后丈夫还是这样的话，她选择离婚。

这对互相折磨的"地狱冤家"，自愿一起来的目的都是为了改变对方，对心理咨询并不十分了解，因此咨询从一开始，就遭遇了阻抗。第一次面接时，咨询师发现 S 非常焦虑，情绪常常失控，还长期伴有头晕、失眠、易疲劳、易激惹等症状，需要心理干预。S 却坚持说自己用不着再参与咨询，只是"押"老婆来接受心理专家的教导就可以了，并详细罗列了要求妻子改变的九个方面。他认为只要妻子能够改善这几个方面，让他彻底放心的话，他的问题就会不治而愈。H认为他们是从外地来的，平常工作也很忙，很难坚持多次咨询。她的神态是落寞的，语气是无所谓的，对咨询师的阻抗是柔和却强硬的，让人觉得她来咨询是被逼无奈的。

这样，这例婚姻咨询案例陷入僵局。但咨询师发现平常少言的S非常喜欢看书，而H的业余爱好是写小说，与书有着不解之缘。而且他们急切想改变对方也正表明了他们改变现状、挽救婚姻的意愿。于是，咨询师将"读一本婚姻生活的好书"作为治疗契机，采取读书疗法来干预这例婚姻危机。

咨询过程

第一次咨询

（S和H第一次一起走进咨询室的时候，两人的神情十分疲惫且倔强，像是打了一场持久战，但仍没有分出胜负，弥漫着浓浓的硝烟。S个子不高，穿一身深色西服，头发乱蓬蓬的，一脸愁容。他不停地抽着烟，房间里烟雾缭绕，H劝阻后，他掐灭了烟头，但不久又故态复萌，说没睡好觉，不抽的话头晕得厉害。看他吸烟的样子，好像香烟是唯一可以救命的稻草似的。H比她丈夫显得冷静很多，看得出来她还特意打扮了一下，很温婉地对咨询师微笑着，除脸色泛黑显得疲倦之外，其他看不出任何特别的地方，可谓无风无雨也无晴。咨询刚一开始，S就迫不及待地开口说话了。）

S：（脸对着咨询师，无助地）实不相瞒，我现在是走投无路，实在没办法了才来求助于您的。

X：发生什么事了？

S：我跟她（指妻子）现在这个样子根本没法过下去了，她脑子有病，有严重的精神问题，严重到了不得了的地步。她这个神经病，蠢得像头猪一样，不对，比猪还要蠢，如果我跟她离婚，她跟任何一个男人都无法过下去，只有我才可以忍受她到今天。但为了儿子，也为了我们夫妻一场，我要挽救她。可以说，我对她已经仁至义尽（边说边靠近咨询师，语气中带有明显的攻击性，给人的感觉是情绪很不稳定）。

H：（脸上明显不悦，但极力在控制自己，语气有点冷冷的）你不要说得这么好听，我觉得你才有精神病，整天像个疯子一样，我已经受够了。

S：（这句话很快激怒了S，但他强忍着，求助于咨询师）肖老师，你帮我诊断一下她的心理问题到了多严重的地步，你马上就可以看到了。我今天也不怕家丑外扬了，我知道心理咨询中如果不把心里的话全部说出来的话，你就无法帮助我们。她这个人一点良心都没有。她出了事，我去帮她摆平，她心里一点都不感激，居然还说我对她的伤害比那个贱人对她的伤害大一千倍。

H：（不知道是隐私被人揭，还是触到心里的痛处，她低下头，眼角流下泪来，但语气仍然倔强）我没说错，你对我的伤害比任何人都大。

S：（他的火气更大了，情绪有点失控）你听听，肖老师，这还是人说的话吗？她跟别的男人在一起，还以自己的名义从银行贷款给那个贱男人，出了事以后，我去救了她回来，还替她还了银行的贷款。并帮她调离了原来工作的地方，以免她再次受到伤害。我真是伤透了心，她居然还说我伤害了她！（眼珠突起来，对着H）试问，还有哪个男人像我这样宽宏大量，换成别的男人早就把你打死了，还会这样帮你？明天法院要开庭审理你的案子了，有哪一件事，不是我打点的，我对你是不是仁至义尽？你说，你说！（他站起来，用手指着妻子的鼻子，怒火一触即发）

H：（泪水夺眶而出，语气依然倔强）难道你没有打过我吗？不错，你确实帮了我，我心里也很感激你。可是，你总是不顾我的感受，到处将这件事情跟别人说，我的父母、同学、朋友，还有哪一个你没有叫来做我的思想工作？一次次地揭我的伤疤，我也是要脸面的人，你这样做还不是对我的伤害吗？你口口声声说，帮我调动了工作，难道我自己就什么也没做吗？你的意思是说，没有你，就没有我的今天吗？

S：（暴怒，拍案而起，准备开打）你这个臭婆娘，简直是个严重精神病患者，你信不信我今天就打死你？

H：（绝望地，拿起包准备起身离开，眼睛看着丈夫）我跟你没什么好说的，我们离婚吧。

X：（仔细观察了这对夫妻间的消极互动，于是开口制止了他们）你们先冷静一下，我理解你们的痛苦，既然来这里，就是要解决问题的，事情一定会有解决的办法的，你们说是不是？你们都先坐下来，好吗？我们一起来探讨一个解决的办法。

（H很快冷静下来，重重地坐下。S像是找到救兵，但余怒未消。他变成了声讨者，声音不大，但十分快速。看着丈夫的嘴唇上、下翻飞，一遍遍地数落自己的罪状，H仿佛累了，静静地想着自己的心事。S还在声讨，仿佛在寂寞的影子里诉说风的故事……咨询师耐心地倾听着……在咨询师一再表示尽力帮助之后，他的情绪才渐渐稳定。）

第二次咨询

（第二次面接时，夫妻俩如约前来，S的情绪依然很激动，依然一次次地重复数落妻子的罪状，每次妻子想说什么，他就会打断她，仿佛停不下来。H先是压抑怒火，在一旁默不作声，然后忍无可忍，与S发生争吵。在咨询的前二十分钟，几乎重演了第一次面接中的一幕。于是，咨询师提议S暂停，听听H想说什么。

如果说S的话语是疾风暴雨式的，那么与H的谈话则是小桥流水。她细说了事情发生的前因后果。原来，由于S的升迁，他们夫妻俩结婚没多久就分居两地，那时她已经怀孕了。孩子出生后，她很辛苦，一个人要上班，又要带孩子。后来请了保姆，虽然H没有那么累了，但心里依然感到孤单，尤其是孩子生病的时候，总是一个人在医院里忙前忙后，连个倾诉的人都没有。S偶尔会回家小住几天，但是每次回家待不到几个小时就出去玩了，然后要到凌晨才回，却对 H 说，工作压力太大，回家就是要放松一下。孩子笑的时候，S 就会抱抱，哭的时候，他根本不理会，所有家庭琐事都是妻子一个人操持。刚开始的时候，H 还能理解丈夫，时间久了，就感到委屈和疲倦了，于是便向 S 抱怨。S 不但不理解，还埋怨妻子说："工作啊、房子啊这些大事你都不要操心，带孩子有什么累的。"所以，H 感到失望极了。还有一次夫妻俩很久没见面了，H 带着儿子来到丈夫工作的城市，却感到丈夫对他们母子的突然到来感到不耐烦，她还发现了丈夫与其他女人的暧昧短信。她伤心极了，虽然相信丈夫没有出轨，但是接受不了这样的现状。于是她将孩子送到外婆身边，自己一个人过起了婚前的那种潇洒日子，上上班、跳跳舞、逛逛街等。

妻子每说两句话，S 就要跳起来打断她。每当他打断时，咨询师就会问他："你能耐心地听听妻子的想法吗？"他才勉强让妻子讲了上述这些话，当 H 讲到带孩子的痛苦，却得不到丈夫的理解和关心时，咨询师问 S 有何感受。S 低下头，好像第一次发现自己的错误似的。可是当 H 说到跳舞时，S 再也忍不住了，变得有些歇斯底里了。）

S：（又一次暴怒）你还敢说跳舞？我就是不允许你跳舞，舞场里的男人没有一个是好东西。

H：我跳自己的，与别的男人有什么关系？

S：（恨铁不成钢的语气）怎么没关系？这些男人想要占你的便宜，还要打你钱的主意。以你的性格，我早就预料要出事的。现在果然出事了，我了解你比你自己了解自己更多，你如果不深刻检讨自己，你这辈子就完了。

H：（生气地）可是我生孩子的时候，你为什么不关心我呢？

S：（无力地坐下，支吾地）在这方面，我知道自己有做得不对的地方，我以后会改的。（语气突然变得温和）可是你也不应该每天去那种舞厅跳舞呀，虽然健身是好的，可是，难道你就不可以选一个好点的方式吗？

（H 低头不语）

X：（赞赏地）是啊，你们都要耐心倾听对方的想法，如果不说出来，对方怎么知道你在想什么呢？

第三次咨询

（从第三次面接开始，咨询师和他们约定，每次都花一定的时间，对他们分开进行咨询。H 表示同意，但 S 认为自己没问题，完全不需要咨询，只要求改变他妻子的思想，让妻子有防范之心，不让别的男人在妻子身上占便宜。在他近乎疯狂的要求下，咨询师先和 H 谈了谈。

与此同时，请 S 在另一间房间里"休息"，在他面前的茶几上特意放了一些杂志和书，其中有几本针对性的心理学科普读物，还有几本小说，并安排助理咨询师"顺便"请他完成一下焦虑和抑郁自评量表。他对此欣然接受，并对咨询师单独"教导"妻子感到满意。

与 H 咨询时，咨询师了解到，因丈夫对其情感需求等的忽视，H 对婚姻非常失望，与结婚前对婚姻的想法完全不一样，于是转而向婚姻之外寻求寄托。）

H：我本来不想那么早结婚的，谁知道有了宝宝。他说他很爱我，我也很同情他。他从小就失去了父母，只有一个哥哥，全靠自己的本事和多年的打拼才获得这么好的学历和工作，说实话，我很敬佩他，更不忍心离开他。我以为结婚之后他一定会对我很好很好的，没想到却得到这样的结果。家里柴米油盐之类的事，他从来不管，总觉得一切理所当然是女人操持的。这些本来无所谓的，可现在是我犯了错误，他根本接受不了。接受不了也就算了，大不了离婚就是。可是我们还有个孩子，如果不是迫不得已，这个家还是要维持的。

X：他对你很不放心？

H：是啊，非常不放心。连我以前的优点也变成了缺点，他以前对我的好脾气很喜欢，还说我善良等等，现在这些全变成了"罪大恶极"、非改不可的毛病。他说我心地太善良就容易被人骗，说什么只要别人对我好一点，我就会跟别人跑了等等。刚开始的时候我们还能心平气和地谈，我对他也心存感激。可是他一谈就是好几个月，说要深刻扭转我的错误思想，每天都要谈到凌晨。后来我也烦了，见面时只要他谈这些，我就睡觉，任由他一个人说话。不见面时他在电话里说，我就把电话搁在枕头上，任由他骂。这还是小事，更可气的是，他还找来我所有亲戚朋友跟我谈。有时候，我没有听他谈，他就会三更半夜里拿着刀，打电话给我父母说："你女儿现在就会死。"吓得我父母半夜从大老远坐车来找我，还有其他人也惶惶不可终日。刚开始我简直无地自容，不过到了现在这种情况，我也无所谓了。只要他不烦我，日子还是能过下去的。我是个乐观的人，有时候出去走一走，心情就会好起来。可能因为这样，他才说我没良心吧。因为自从出了这件事以后，他就经常失眠。他越睡不好，就越要折磨我，没办法，我现在只想躲开他。

X：正如你所说的，他在心理上很难接受这件事情，希望彻底改变你，以后不再上别人的当。这正说明了，他不想失去你，不想让别的男人把你抢走，也不想让家庭遭受经济损失。

H：真的吗？为什么我没有感觉到？他还在意我？

X：你换个思维角度想一想，或许你就可以感觉到。

（咨询结束后，咨询师给了她一本美国作家斯里斯特恩·滨写的小册子——《一分钟妻子》。在这本书中，作者通过一个个的小故事，教会女人如何在一分钟的时间里做个好妻子。内容包括一分钟交谈、一分钟默契、一分钟温柔、一分钟冷淡、一分钟体贴、一分钟泪水、一分钟撒泼和一分钟赞美等。

自评量表的测试结果发现，S的焦虑、抑郁程度远远高于正常水平，需要进行心理干预。另外，他在"休息"时，对着茶几上一本心理学的畅销书《病由心生》看得津津有味。咨询师提议他带回家去看，他不置可否，说应该让他老婆多看看这类书。不过，最后他还是带走了这本书。在这本书中，作者约翰·辛德勒根据自己多年的行医经验指出：人类的大多数疾病都是不良情绪引起的，要根治这些疾病，关键是消除病人的负面情绪，培养病人的"成熟性格",良好的饮食习惯加上良好的心态就意味着健康。)

第四次咨询

（本次咨询还是夫妻分开来进行的。H 除了继续谈了一些家庭生活中发生的事情以外，与咨询师谈论的主要话题是：如何做一个好妻子。）

H：我这个人就是这样，要我做一些违背自己真实想法的事情，说一些违背自己真实想法的话，很难做到。我对丈夫很少撒娇，也很少赞美他。我做不出来，觉得难为情。我以前从来没想过用"策略"来使婚姻更美满，而总是抱一些不切实际的期待和幻想。我现在就算明白一些，但是对我来说也是很难做到的，就像这本书中所写的，我虽然很赞同，但不知道能否用到我的生活中来。

X：撒娇也好，赞美也好，并不是违背自己意愿的事情，而是自然而然的。撒娇是女人的天性，真诚地赞美别人也是一种美德，它们不是一种策略。我想你只是不习惯而已。

H：可能是吧。可是他现在对我这么凶，我怎么赞美他呢？我只想生气。还有他这个人一点都不浪漫，我基本对他不抱什么想法了，只求安静地生活。我认识的其他男人比他有情趣多了。

（每个人都有自己的生活方式和价值观，值得尊重。因此，咨询师并没有反驳她，只是加以适当的引导，任由她将心里的结慢慢地打开。对 S 的咨询就困难得多了。他拒绝咨询，但是他对与咨询师"聊天"并不反对，可见他只是觉得面子上过不去，在妻子面前做样子而已。俗话说，死要面子活受罪，他其实有很多话需要倾诉。一说到妻子有关的事，他显然没有时间观念了，只被愤怒牵着鼻子走。他不停地数落妻子的不是，说一定要改变妻子，否则难以过下去。）

X：婚姻心理学说，与所爱的人长期相处的秘诀是：放弃改变对方的念头。你对这句话有何看法？

S：那怎么行呢？她不改变，难道改变我自己吗？

X：对。

S：那是不可能的。你完全颠倒了我的意图。

X：我知道。但是请问，你极力要改变你妻子的思想有多久了？

S：半年多了。

X：有效吗？

S：什么话？有效还来找你这个专家做什么？完全无效。

X：是的，你想尽了所有的办法，说服了所有的亲戚朋友一起来帮你改变妻子的思想。结果呢？

S：结果就是我失眠、焦虑、头晕，上班无力，精神快要崩溃了。

X：那请问你还要继续吗？

（S没再说什么，沉默，若有所思。咨询结束后，我又推荐了一些书给他们，有些书还让他们自己去书店找。这一次S对此很赞赏，他极力推荐霍桑的小说《黛莱丝·拉甘》给他妻子看。那是他"休息"时在茶几上看到的。

小说写了这样两个人：黛莱丝与洛朗，他们先是私通，然后把黛莱丝的丈夫谋杀后，两个人结婚了。然而，他们因为只受情欲的支配，两人在经历了兴奋、平淡、孤独、愁闷、恐怖这个过程后，终于双双自杀了。自杀就是自己把"自我"杀死。黛莱丝与洛朗经历了自我的恶性膨胀、萎缩、怀疑、动摇四个过程，终于毁灭了自我。）

H：（看到丈夫给自己推荐书看，H略微有点撒娇似的）你也要看，就我一个人看可不行。

S：（没想到S竟露出了难得的笑容）好，我也看。（然后转过头来）肖老师，你推荐给我的书我很感兴趣，尤其是那本《别了，灰色的心灵风暴》。我老婆这段时间，天天不吭声，我都怕她得抑郁症了。

（《别了，灰色的心灵风暴》是徐光兴教授所著的国内首部描写抑郁症的心理小说，包括两个部分：第一部分以小说的形式包装，讲述并分析了抑郁症的症状和抑郁症患者的心理；第二部分则是非常实用的知识，不仅有详细的抑郁症相关知识介绍，而且还有流行的抑郁症自助测试解析。）

H：你还是担心你自己吧，整天不知道休息，还失眠，你才应该好好看看这本书。

X：（开开玩笑）哈哈，你们关心对方都是用这种方式啊？（他们有点不好意思地笑笑，S 搂着 H 的肩膀出去了。）

第五次咨询

这是我们三人约定好的最后一次咨询，我问他们是想单独和我聊，还是一起和我聊。他们异口同声地说："一起。"

咨询气氛比较轻松，夫妻双方分享了自己结婚后的心路历程。然后，我们的注意力都从令人气愤、纠缠不清的往事，转到如何改善婚姻关系上来了。他们说，在家里他们有时候会就一本好书讨论好半天呢，经过这样一起读书，夫妻之间觉得更了解对方了，也变得更有共同话题了。

咨询结束时，他们说今后还会一起多看一些好书，一本好书就是一个良师、一个益友。

案例点评

婚姻的全部含义蕴藏在家庭生活中。曾在一本书中看到过这样三种夫妻关系：神仙眷侣、凡人夫妻和地狱冤家。

在婚姻生活中，人们都渴望心心相印、生死与共的神仙眷侣式的夫妻关系。神仙眷侣式的夫妻每一方都全心全意地爱着对方，他们愿意为所爱的人抛弃一切。两人间存在真正的默契，互相了解对方如同了解自己。因此他们几乎不会有争吵，每一方做的事都会得到另一方的赞同。

但是神仙眷侣是可遇不可求的，对于大多数夫妻来说，他们也喜欢对方，也关心对方，但是达不到"心有灵犀一点通"的境界，有时候难免考虑自己多于对方，因此他们的婚姻生活中有不满、有误会，也有争吵。他们是一般的凡人夫妻，会为柴米油盐吵得不亦乐乎，但他们能享受平凡中的快乐，平凡中的温情。

地狱冤家的婚姻是可怕的，他们的婚姻生活中充满了怨恨。有怨恨却不愿意分离，似乎生活的目的就是"让他没有好日子过"，就像毒蛇相互纠缠和相互折磨一样，犹如地狱一般。人可以逃避敌人，却难以逃避朝夕相处的伴侣，他（她）可以时时刻刻折磨你。

"神仙眷侣"是难得的，它要求有深厚的感情基础，要求双方的性格特别和谐，还要求双方善于解决矛盾。如果条件不具备，而双方又不甘心做"凡人夫妻"，过分强求成为"神仙眷侣"，对伴侣的期望过高，这样反而会引起婚姻冲突，弄不好会连"凡人夫妻"也做不成，把婚姻变成地狱一般。因此，在婚姻生活中，过高的期望是有害的。

本案例中的两位当事人，就是没有很好地调节自己对于婚姻的期望，一味地要求配偶按照自己的方式或意愿行事；对于婚姻生活中突然出现的矛盾和纠纷没有理智地处理，结果使婚姻变得苦不堪言，犹如一对地狱冤家。

对于本案例的处理，笔者除了引导夫妻双方放弃改变对象等不切合婚姻实际的"幻想"外，还适时地运用了读书疗法，潜移默化地改变当事人的非理性观念。这些精心挑选的好书，从不同的侧面促使当事人对自我和他人了解更多，从而不断完善自己、完善自己的婚姻，并从中获得快乐的体验。

在这例婚姻心理咨询中，最难处理的是不能偏袒任何一方，不能介入他们婚姻和家庭的冲突，也不能替他们的私人生活做重大的决定，只能协助他们去了解问题的性质及可能处理的方向，由他们自行决定。当然，运用读书疗法的过程中，对书的挑选也十分重要。

（肖三蓉）

悲伤的情怀，悲伤的爱
——一例情感与婚姻危机心理咨询案例

案例简介

（案例中，咨询师简称 X，来访者简称 J）

来访者 J 是个三十六岁的美丽少妇，她生活在一个典型的婚外恋家庭中。十岁时，因为母亲的婚外恋，J 失去了一个完整的家，与父亲相依为命，饱尝了生活的辛酸与孤寂。婚后的她因为难以抗拒的爱的感觉，卷入了数次婚外恋的漩涡，饱尝了爱情的失落与良心的折磨。儿子出生后，因为情人的离去、丈夫的出轨，她情绪低落到了极点。她不爱她的丈夫，却嫁给了他，结果丈夫还是背叛了她。她爱她的情人，但她却只是他众多女人中的一个，结果情人还是离开了她。现已 7 岁的儿子是她活着的唯一希望，却因为结婚后放弃了工作，空有一纸好文凭，觉得不能给儿子一个好的未来。她想离开这个家，却不忍让婆婆伤心，因为公公与别的女人私奔，婆婆已陷入精神上的困境。

这一切使善良而又敏感的 J，没有逃脱灰色的心灵风暴，五年前得了抑郁症，治好后三次复发。X 第一次与 J 面接时，距她第四次接受 S 市精神卫生中心治疗已有四个月的时间。当时她已恢复正常，因为儿子的一次教育问题，遭到丈夫的暴打，心生恐惧和绝望的她搬到了父亲的家里住。对儿子极度思念、对爱情绝望、对婚姻迷茫并担心自己的抑郁症再次发作的 J 决定寻求心理咨询师的帮助。

咨询刚开始时，J 对 X 是信任的，但对 X 的一言一行非常敏感，存在高度的不安全感。在第三次咨询后她的阻抗降到了最低。前五次咨询主要是积极地倾听 J 对过往事情（主要是感情经历）及当前问题的描述，她积郁在内心深处的消极情绪得到了很好的宣泄，并建立了良好的咨访关系。在 X 不经意的"暗示"下，在 J 不断地回忆以及记忆、认知重建过程中，她渐渐理清了自己当前面临的问题。但 X 并没有过分追究 J 的往事，而是着眼于目前的问题，以避免增加她的痛苦。从第六次咨询起，X 采取了自我暴露疗法和婚姻危机团体辅导。咨询一共进行了十次，下面将呈现咨询的大体过程，以及在咨询中当事人情感与婚姻出现的转机。

咨询过程

第一次咨询

（着一身白裙、神态举止俨然是个纯情少女的 J 第一次咨询时，对我说，她其实早就见过我，听过我讲的一次恋爱婚姻心理的课程，感觉很受震动，特别是我讲的一个案例与她的情形有几分相似，所以想来咨询，希望我能帮助她。然后，她很有修养、恬静地坐着，悲伤的眼里带着笑，细细的鱼尾纹微微上扬，敏感地观察着我的言行，似乎在探寻我有没有讨厌她，或者不耐烦的表现。我没有说太多话，微笑，静静地感受她悲伤的情绪。她似乎也感受到了我的理解和耐心，神态中带了一些感激。）

J：我现在不知道怎么办。我很想儿子，可是我丈夫和婆婆都不让我见他，我不在他身边他一定过得很苦。（J 拿出手机给我看儿子的照片，眼角流出了眼泪，很不好意思地用纸巾擦泪。）

X：（看照片后发出由衷的感叹）你儿子好可爱！你很想念他，更担心他。

J：是啊，他是我的命根子，如果说要离婚的话，我唯一放心不下的就是他。但是我跟他爸爸实在过不下去了，我很害怕，真的很害怕。（J 流露出恐惧的神情，但只一会她又镇定下来，露出了习惯性的忧郁的微笑。）我儿子真的很懂事，在爸爸和奶奶面前从来不说想妈妈，因为他知道如果这样说了，爸爸和奶奶会不高兴。

X：他们为什么不让你见儿子？

J：（沉默，然后悠悠地叹气）因为我有抑郁症。其实，他们只是不让我单独见她，他们担心我挑唆儿子，我甚至不能和儿子说上几句贴心话。以前我没有搬出去时，我和儿子要在一起的话，一定有婆婆或老公监视着，带儿子出去玩更是不可能的事情。现在我要见儿子，只有回家，可是我不能回家，我害怕回家。

X：家里发生了什么事让你这么害怕？

J：（眼里满是惊恐，泪如泉涌）他（指她丈夫）打我啊，劈头盖脸地打我，已经不是一两次，这两年来他总是打我。我是上个星期搬出来的，我实在受不了了，我再也不会回去了。以前他打我时，我也离家出走过，但每次事情过去之后，他又会来求我回家，说以后再也不打我了。看在儿子的份上，我每次都相信了他。可是结果呢，一次比一次打得厉害，打还不算什么，我最受不了的就是他"念经"。

X：念经？

J：是啊，他一骂可以骂上几个小时也不停，每当这样的时刻，我就恨不得立刻死去。（J显然非常激动，脸颊涨得通红）就说上个星期吧，那天是星期天，我儿子不用去上学，平常我会在周日辅导儿子学英语，我们家都有分工的，我专门负责辅导儿子的英语和语文。可是那天我儿子对我撒娇说，想休息一天，不想学。我也不想逼儿子，毕竟他很少这样做，他很懂事，学习都很自觉，我估计他实在是累了。于是，我带着儿子进卫生间洗头洗澡，然后把他打扮得漂漂亮亮的。正当我们高兴之时，他爸爸从书房里冲出来，恶声恶气地对我说话，简直就是命令我说："快去教儿子学英语。"我平常很少顶撞他，怕他发脾气，可是那天他的口气实在太凶了，我也很生气，就没理他。他一看就火了，说："你这 *** 的，你吃我喝我的，全身上下穿的哪一件不是我花钱买的，居然敢不听我的？……"然后紧接着就是照例的三字经，然后声音越来越大，火气也越来越大，好像随时都要爆发，我听得很难受。我儿子可能是习惯了这种场面，独自一个人去看电视了。我看着儿子好无辜的样子，觉得自己真的很没用。于是，我对他爸爸说："我今天就是不教，你怎么样？"这下，就像点燃了一颗炸弹，随时都会爆炸。他举起了他的拳头，对准我的头，下命令道："快去教儿子学英语，不要让我打你，我快控制不住了。"我那天也不知道怎么了，一心想反抗他，于是我倔强地摇头。他见了，发疯似地大吼："快去啊，在我发脾气的时候不要顶撞我，要不然我不知道自己会做什么……"然后，他的话还没说完，拳头就像雨点般砸在我的头上、脸上和身上，每一个部位都留下了伤痕。我儿子发疯般哭着求他停下来，说不要再打了，说这样会打死妈妈的。可是他哪里停得下来，直到他打累了，筋疲力尽了，火气消了，他才停了手。我挣扎着站起来，把自己反锁在房间里一整天，任凭他和儿子在外面呼天抢地求我开门。我没有哭，也没有去医院，我一直在想一件事情。他这一次彻底伤了我的心，是时候离开这个家了。想清楚了以后，我就搬到我爸爸那边去住了。（J的声音哽咽着，再也说不下去了。）

第二次咨询

（J第二次来的时候迟到了，匆匆忙忙地跑进来，用手帕擦额头上细密的汗珠。一边不好意思地对我笑，一边解释，说她只要一跑动就会出很多汗，实在很失礼的样子。看得出来，她仍然在敏感地观察我，见我热情地和她说笑，她的一颗不安全的心获得了稍许安定，忧郁的笑容稍稍带点愉悦。）

X：路上塞车吗？

J：不是塞车，是我起得太晚了，昨晚没睡好。（见我点头，她接着说）我爸爸还住在以前的老房子里，那里只有一间房间，又是卧室，又是厨房，还是客厅，拥挤得很。我睡在门边的一个小小的硬沙发上，连翻身都困难。

我爸爸睡眠不好，我昨天回来晚了，连刷牙洗脸都不敢，怕吵醒他。（犹豫了一会，好像不知道要不要说，然后她鼓起勇气）我昨天见到儿子了。（然后沉默叹气）

X：（知道J在回忆着昨晚发生的事，我没有开口问她，怕打断她的思绪，只是静静地、温和地等她自己来说。）

J：他（指丈夫）昨天下午打电话给我，说儿子很想我，要见我。我非常高兴，但隐隐地又有些担心，因为这不像儿子平常的所作所为，他就是再想妈妈也不会对她爸爸说的。但是不管怎么样，我还是很开心的，有两个星期没见到儿子了。于是，他爸爸开车把儿子带了出来，与我见了面。我们三个人一起在公园玩了一会，我丈夫叫我跟她回家。我不肯，他又叫儿子来劝我，我还是不肯。晚上一起吃饭后，他开车送我回爸爸的住处，儿子坐在我身边。没过一会，他把车停在一个安静的路边，坐到后座我的身边来，还叫儿子坐到前座上去。然后，他也不管我愿意不愿意，就开始……（犹豫着不知如何说，看了看我，有点羞涩地接下去）就开始摸我，要我做那个事情。我不肯，他就不停地求我。别说当时儿子在场，就算儿子不在场，我也不会答应他的。于是我断然拒绝了他，他很生气，又想打我，最后还是忍住了。

X：你想彻底地离开他？

J：是的，虽然我对他没有"性"趣（她用手比画了一下，表示此"性"非彼"兴"），但以前我很少拒绝他，几乎是从不拒绝的。所以昨天他大吃了一惊，知道我是真的要和他离婚了。

X：你们之间出现问题有多久了？

J：不知道，好像一直就有问题，只是他以前对我特别好，特别爱我，就是最近这两年，他好像性情大变，对我不是打就是骂。我们是大学同学，他对我非常好，追求了我整整三年，最后我和他在一起了，我还为他流过两个孩子，但是我对他始终没什么感觉，只是认为他对我好就足够，那时想得很简单（又是短暂的沉默）。我想拥有一个稳定的家，一个爱我的丈夫，因为我永远忘不了，我的妈妈带着哥哥离开我和爸爸时带给我的痛苦。那时，我十岁，哥哥十二岁，妈妈很喜欢哥哥，不太喜欢我，因为她觉得我不现实，充满幻想，而我的哥哥就跟妈妈性格很像。十岁时的一天上午，我坐在教室里上课时，突然走神了，望着窗外飞过的小鸟，突然觉得特别伤感，居然伤心得哭起来，好像隐约有一种不好预感，一种莫名的悲伤的情绪。果然，那天晚上我回家时，妈妈带着哥哥跟着别的男人跑了。

（接下来，J 详细讲述了当年妈妈的离开给她的心灵带来的伤害，悲伤、忧郁的眼神令人心碎。）

第三次咨询

（这一次 J 见到我十分高兴，好像见到多年的知心好友一样，笑容也渐渐开朗了起来，但只是一会，忧郁又回到了眼睛里，所不同的是脸上多了一份满足的神情，是曾经的满足，早已逝去的满足。她向我谈起了她难以忘怀的爱情。）

J：大学毕业后，他（指丈夫，那时还是男朋友）留在了 S 市，他家里还说会为我安排工作。但我想出去看看外面的世界，于是独自一个人去了 B 市，由于专业好，我很快就有了一份令人羡慕的好工作。过了不到两个月，他说很想我，受不了这份相思苦，要和我在一起，当时我死活不肯回 S 市。他没办法，就在 B 市的近郊随便找了个单位上班。我们每个星期见一次，他还筹划着结婚的事。可是在结婚前夕，由于工作的原因，我认识了个非常有魅力、事业有成的男人，他叫不凡。从见到不凡的第一天起，我就被他深深地吸引了。不久，他又一次找到了我，说我带给他完全不同的感觉，再见不到我，他就要疯了。我完全被他征服了，第一次体验到爱的感觉，并且还得到很多人生的指引。他博学多才，又很有男子汉气概。就这样，我们自然而然地在一起了。但是从一开始，我就知道，我是不能和他结婚的，他从来不提和我结婚的事，我虽然幻想过，但是也从来不提。我就这样默默地等待着，爱着……

X：你的男朋友知道吗？

J：他不知道，我们还是一个星期见一次，但是我跟他提过分手，他不肯，我估计他感觉到了什么。我爱上不凡没多久，我男朋友就在S市买了房子，装修，准备结婚的事。大概过了半年，男朋友正式要求和我结婚，我不知道怎么办，就去问不凡。不凡说，"你去结婚吧，结婚后你和我照样可以在一起，我会经常去S市出差。"我当时很失望，但也是预料中的事，因为我知道他和许多女人在一起，我只是其中的一个，但我很满足这样的关系。不凡真的很在意我，我们很少见面，但是一见面就很谈得来，心心相印的感觉，我觉得我应该理解他。有时候，不凡也跟我打电话，一聊就是两三个小时，我觉得这样就已经足够了，我不求太多。

X：接下来你就结婚了吗？

J：是的，很快我就回S市结婚了，我男朋友（应该称丈夫）回到S市自己开了一家公司，我没有再上班，在家做起了全职太太。不久，我怀孕了。家里的事情也不多，婆婆把一切都打点得很好。我却因此感觉到空虚，整天不知道做什么，时时刻刻在期待和不凡见面。但是不凡联系我越来越少，有时候甚至半年都没有音信。就在这样的期待中，我生下了儿子，他是那么聪明可爱，我的心中充满了幸福，慢慢地将不凡放在了心底。大约又过了一年，不凡又突然出现在我面前，我的心又一次燃烧了，我发现自己对他还是那样迷恋，甚至更迷恋。就这样我们又经常见面，相处了半年后，不凡便在我的生活中消失了。以前我很少打扰他，都是等他的电话。可是有一天我实在太想他了，就给他打电话。他说会来看我，可是他再也没来看过我，而我始终没有忘记他，一直在傻傻地等着他。

（J似乎喜欢沉浸在这样的回忆里，面带幸福的笑容。关于与不凡的交往，她讲述了很多的细节，似乎她没有忘记所有的细节，而且愿意一遍一遍地追忆。）

第四次咨询

（J的气色看起来好了很多，要谈的事情似乎越来越多，交谈中的沉默和叹息也越来越少了。）

X：你是何时诊断出抑郁症的？

J：在我儿子两岁的时候，有一段时间我几乎是整天整天地在房间里哭泣，抑制不住地就要哭，饭也不愿吃，觉也睡不着，更别说出门了。那时，我婆婆开始不放心把儿子给我带了，我也不愿活动，成天就知道拉上窗帘躲在房间里。

X：这样的状态持续了多久？

J：我记不清了。只记得，那个时候是春天，我丈夫突然约我出去喝咖啡，一起来的还有另外一个比我年轻很多的女孩子。当着那个女孩的面，丈夫说要跟我离婚，说我一直对他很冷淡，得到了我的人得不到我的心，他要换一种生活方式。说句心里话，我一直盼望着离婚，现在从丈夫的口里说出来，我虽然感到意外，但是觉得非常高兴，是一种解脱。我没有说什么，只是请求那个女孩好好对待我儿子。那个女孩很羞愧地低着头，我丈夫也很愧疚。

X：他是真的出轨了吗？

J：是的，不过后来他没有再提离婚的事，我也没再问。听婆婆说，他继续和那个女孩交往了一段时间后，就在婆婆的压力下，分手了。婆婆说，那个女孩是因为钱才和我丈夫在一起的，所以她坚决不能让她进门，叫我放宽心。可是说来也奇怪，丈夫提出和我离婚的时候，我感觉到解脱，并做好了离开家里的准备，似乎迫不及待地想摆脱这个牢笼。可是突然间，丈夫又不提这件事了，从婆婆的口里又得知，离婚无望了。我的绝望呀，真是难以形容，我觉得自己似乎再也没有机会抛开这段无爱的婚姻，而去寻找自己真正爱的人了。

X：就是那时起情绪开始持续低落的吗？

J：是的，我感觉到非常无助，时时刻刻想到死。

X：那时有没有想到过儿子？

J：没有，我的世界里顿时一片黑暗，里面谁也没有。我也很奇怪，我那时什么也不想，已经记不清那段时间，有多久没和儿子说话了，似乎连说话的力气都没有。后来，有一次，我的哥哥来看我，感觉不对劲，就把我送到医院里。

（后来，J被诊断为抑郁症，开始了漫长的求医路。）

第五次咨询

（本次面接中，J讲述了她的抑郁症的诊断、治疗以及复发的前后经过。这个讲述的过程，令她深感痛苦，我可以想象抑郁症给她和她的家庭带来了怎样的磨难。又一次让我体会了J悲伤的情怀，悲伤的爱。）

X：是否记得你的病治好后，第一次复发时发生了什么事情吗？

J：抑郁症治好后，我又认识了一个男人，是在治疗时认识的，他也得了抑郁症，比我先出院。等我也出院后，他就开始追求我，要我嫁给他，并带我去见了他的爸妈。他的爸妈对我特别好，还叫我把儿子一起带过去，嫁到他们家。当时，我丈夫强烈反对，觉得我是上当受骗了，但是他越反对，我越是要和那个人在一起。于是，我离家出走了，和那个男人偷偷地住在了一起。大约过了三个月，我发现那个男人并不是真心喜欢我的，然后我们就分手了。不久，我的抑郁症就复发了。我丈夫把我接回了家里，再次送我去治疗。

X：你丈夫对你还是有情有义的。

J：是的，我感觉他真的是很爱我。可是后来，我的病老是复发，而且不管他为我做了什么，我的心都不在他身上。估计他也烦了，绝望了。说起来，我的病后面两次复发也是因为婚外恋。我爱上了一个比我小7岁的男人，是个毕业不久的研究生。他对我很狂热，但是他后来与别的女孩结婚了，我们彻底分手了。

（J很详细地讲述了这几次令她抑郁症复发的恋情，她说再也找不到当初不凡带给她的那种感觉了。后来那几个男人，有时候想起来都令她感觉不舒服。）

X：现在你是不是非常担心旧病再次复发？

J：是的，太对了。我现在连男人都不敢接触，我对男人已经失望到底、害怕至极，我再也不会和男人有感情纠葛了。只要对有我意思的男人，我都离他们远远的，我要好好地保护自己。

第六次咨询

（在X的无条件关注下，通过前面几次的倾诉和认知、记忆重组，J已渐渐认识清楚自己面临的问题，清楚自己应该做什么，可以做什么。）

J：现在回想起来，我一个朋友说的话很对。有一次，她见我反复在听一些古筝、二胡和钢琴之类的乐曲，就笑着对我说，"作为一个结过婚并生了孩子的女人，如果还经常听这么纯粹的音乐，心存这么多美丽的幻想，你注定比别的女人活得更累、更痛苦。你的心这么柔软，注定要被感情伤害。"我觉得这句话，就是我的写照。我想重新振作起来，为自己和儿子的将来做一个打算，我丈夫现在脾气暴躁，对儿子的成长也很不好。所以，我不能再病下去，也不能再这样恋爱下去，我应该做点事情。可是我能做什么？我已经很多年没有工作了，以前学的知识也已经派不上用场，我想重新学点什么，可又没有钱交学费。我不能再在经济上依赖丈夫，否则我永远不能独立，永远活在他的阴影下。

X：阴影？

J：是的，我觉得是阴影。丈夫就像一棵大树，从认识他的第一天起，我就像个孩子一样躲在树荫下乘凉。在这个家里，他是家长，我是个大孩子，我儿子是个小孩子，我要仰仗他鼻息生活，他高兴我就要跟着高兴，他不高兴我就不能高兴。所以我和他在一起，永远不会开心，永远没有自己，有的只是他。这就是为什么我不爱他，要离开他的原因。（J开始在寻找自我，发掘自我的价值。）

　　X：你现在越来越知道自己要做什么了。

　　J：（有点不好意思地笑笑）是的，但还不十分明确。

　　X：不要着急，其实我刚结婚的时候也很迷茫。

　　J：是吗？你是心理学的博士，也会吗？（J很感兴趣的样子。）

　　X：是啊，刚结婚那会出现了很多不适应的情况，两个人总是闹矛盾，吵得厉害的时候真恨不得离婚算了。

　　（于是，我很诚心地将自己婚姻中曾经出现的问题、争吵以及化解的过程等等，一一与J分享了。J听了，非常感动，说要重新考虑离婚的事，她现在有信心将自己的婚姻经营好。）

第七次咨询

　　从本次面接开始，在心理咨询机构的组织下，我对J和她的丈夫以及其他一些存在恋爱婚姻问题的来访者进行了四次团体辅导，每次一小时，共十六人参加。本次辅导主要采用自我介绍和绘画的方式，分两个小组进行。

　　前半小时组织大家向小组成员介绍自己，每人3—4分钟。我仔细观察了每个成员的反应，大家都很激动，场面很热闹。J说到自己没有工作，但是想从现在开始学习做一个"营养师"，得到大家的鼓励和认可。我看到她流出欣慰的泪水，她的丈夫也很满意。

　　后半小时组织大家绘画，提示大家随便想画什么就画什么。看到大家还是一片茫然，我向他们举例说，可以画家庭、画房子、树和人等。结果90%的人画的是房、树、人。然后我和助手当场向他们解释画中体现的心理意义。

　　以下是J和她的丈夫的画。J的内心世界丰富了很多，不再是单调的灰色或黑色世界，有了较强的安定感，见图1。她丈夫的画则体现了内心的冲突与不安，见图2。

图1 J画的"梦中乐园"

图2 J的丈夫画的"我的家"

第八次咨询

本次辅导主要是组织小组成员互说恋爱婚姻故事，分两个小组进行，每人5—8分钟，再由其他成员做出评论或提出建议。

整个过程中，大家特别积极、真诚，抢着发言，一个人说话时，其他的成员都专注地倾听，听后大家也争先恐后地发表意见，极大地满足了他们交流的欲望。X的工作主要是及时地引导大家体会你我同在的同感，学会表达个人的感觉。

J在众人面前讲述了自己不愿做丈夫这棵大树底下的小树苗，丈夫颇感意外，说自己忽略了妻子的感受，以为这样是给妻子幸福，没想到使两个人都感到累。其他成员很积极地评论了他们的想法，不停地出谋划策。成员们都感到了极大的心理满足，在别人的恋爱婚姻故事中，受到有益的启发。

在X的指导下，小组成员总结时发现，恋爱婚姻中男女双方对一件事情的看法往往是从不同的角度出发，体现了性别差异，所以说恋爱婚姻没有固定不变的真相，只有对现实的多维视角。

第九次咨询

本次辅导主要是组织小组成员通过角色扮演，克服恋爱婚姻中消极的互动模式。由 X 提供一个婚姻案例，详细描述其中一段双方交往的细节，由两名小组成员自愿表演，以增强现实感。表演结束后，其他小组成员讨论案例中的夫妻或恋爱双方应如何处理当前的问题。最后由 X 点评，旨在建立积极的恋爱婚姻交往模式。

小组成员很兴奋，激烈时还会发生争吵。活动结束后，大家都说收获很大，对自己的恋爱婚姻有很大的借鉴意义。

J 很活跃，发言也很多，而她的丈夫则思索更多些。

第十次咨询

本次辅导主要是组织小组成员学习赞美别人，分两个小组围成圆圈坐着，先请一个小组成员坐在中间，其他成员轮流说出他的优点，态度一定要真诚，不能说缺点，也不能不符合实际地赞美。所有成员赞美结束后，中间的成员要说出自己的感受。然后，每个人将自己对别人的赞美写在 X 发下来的"心"形纸片上，送给被赞美的成员，称为"赞美心"，以表纪念。送完"赞美心"后，再请下一个成员坐在中间，接受赞美。

成员们都很快乐，发现赞美别人和被别人赞美原来是件这么美妙的事情。X 提示，如果这样的赞美用到恋爱婚姻生活中，会有怎样的效果，成员一致表示效果一定很好。

这几次团体辅导总结性的环节是，参加辅导的夫妻双方，或恋爱双方订立"爱的合同"，合同内容是双方同意夸大对方优点，缩小对方缺点。双方签名后即刻生效，X 及其他小组成员为见证人。

J 和她的丈夫签字后，激动不已，深深地看了双方一眼，此时无声胜有声。

后续追踪

最后一次咨询结束后，我有很长的一段时间没有 J 的消息。大约半年后，J 又一次来听我的婚姻心理学课程，她的气色非常好。课后她告诉我，她已经回家了，把心也带回家了，心里很安定，并且参加了"营养师"的培训班，很快就可以拿到资格证了。丈夫对她好了很多，因为她现在愿意花时间理解和关心丈夫，他们之间的交流比以前多了。

案例点评

本案例中当事人 J 的经历就像一出至情至性、悲剧式的人间爱情与婚姻故事，她的家庭中几乎每一个成员都有一个婚外恋的故事，婚外恋套着婚外恋，剪不断理还乱。都说婚外恋是倒扣在桌上的碗，毫无出路可言。

J 由于童年遭到母亲的抛弃，结婚后又受到婚外情感冲击，个体内心的冲突一直没有解决，并且带进了当前家庭关系中，再加上 J 忽略了对婚内情感的维系和交流，因此导致她当前婚姻的病理冲突。无论是否得到爱，她的心都像被撕裂成两半，不得安定，就像来回奔波于天堂与地狱两端，时刻处在不满足和痛苦之中。世界上最孤独的人，是那些仅有肉体接触，却没有感情、思想交流的夫妇。长时间的孤独与失落，导致了 J 自我和心理适应感的丧失，她的心理问题也随之产生了，于是需要寻找解脱或心理矫治的途径。

咨询师对本案例的处理主要分为两部分。

前半部分的咨询主要是倾听与理解，人本主义关怀贯穿始终。咨询师并没有对当事人做出道德上的评判，其所说和所做都是出于对当事人真诚的关怀和爱。咨询过程更多是感性的，但在某种意义上却产生了超越理性的结果。随着认知的改变，对过往事情的记忆是可以改变的。在咨询师的"暗示"与"指引"下，当事人通过对过往事情的反复叙述和直觉性的洞察，使个人自我发展的潜力发挥出来。自我理解和觉醒使当事人重建了认知与记忆，导致其认知、行为的变化。

引用徐光兴教授《心理禅》中的一句话说，就是"当事人开悟了"。当事人从迷失自我，到寻找自我，再到发现自我，调控自我，无不体现了当事人的顿悟。但是顿悟之后，仍需渐修，以解决问题。因此，咨询的后半部分主要采取了团体辅导的方式（邀请 J 的丈夫一起参加），着重于当事人情感与婚姻危机的治疗，使适合婚姻生活的"新"信念，通过"游戏"进入到当事人当前功能失调的婚姻关系中，解决当前的危机，也使当事人的自我内心有所收获，获得喜悦之情。

如果说咨询的前半部分是重审过去的话，后半部分则是重写将来，两者都是以解决当前问题为目的。

（肖三蓉）

此心安处是吾乡

——《布鲁克林》中爱与成长的心理学解读

中 文 名：布鲁克林

外 文 名：Brooklyn

类　　型：爱情

上映时间：2015 年

片　　长：111 分钟

剧情回眸

爱尔兰女孩爱丽丝出生在一个父亲早逝的家庭中，大姐能干优秀，是家庭中的支柱。由于在家乡没有出路，大姐求助纽约的亲戚资助爱丽丝念夜校大学，并在纽约为她安排了一份在百货公司打工的工作。

爱丽丝在母亲和姐姐的依依不舍中登上了轮船。尽管面对未来的一切，爱丽丝感到迷茫，但同在轮船上的女生教会了爱丽丝如何像一个真正的美国人一样自信优雅地走过海关。

初到纽约时，土里土气的爱丽丝无法融入寄宿家庭的生活。但随着时间的流逝，在一同居住的姐妹的帮助下，爱丽丝逐渐变得开朗自信，从思乡的忧愁中解脱出来，绽放出属于自己的光彩。与此同时，爱丽丝也在一次宴会上邂逅了浪漫的意大利男生托尼，并快速地坠入了爱河。一切看起来都像在朝着更好的方向发展。

然而，从遥远的故乡传来的一封信打破了看似美好的一切。姐姐的早逝，母亲的悲伤，让爱丽丝决定返回爱尔兰。在临行前，由于托尼的隐忧，爱丽丝与托尼决定先行成婚。

回到家乡之后的爱丽丝，突然发现一切都变了。不同于最开始在家乡时的平平无奇，作为从大城市回来的拥有美国会计师工作证的城市女郎，爱丽丝显得光彩夺目，受人欢迎。在母亲的挽留中，爱丽丝在家乡找到了一份体面的工作，同时被一位阔绰的酒店继承人所追求。爱丽丝逐渐感到两难，一方面在家乡，她轻易地得到了她曾经渴望的一切，看起来如此圆满；另一方面，在遥远的纽约，还有在等待着她的丈夫、她努力打拼得来的工作和五光十色的另一种未来。

正在此时，爱丽丝在纽约早已成婚的消息被故乡的一位面包店老板娘得知，于是看似安稳的一切幻想都被戳穿，爱丽丝终于想起了自己当初为什么要离开这个落后封闭的小镇。原来，故乡的一切其实没有变化，平静与安稳的表面下是狭隘如一潭死水般的人生。真正变化的是她自己，她在充满机遇与挑战的纽约蝶变与成长，成为现在的自己。于是爱丽丝选择登上轮船，返回纽约。在轮船上，她遇到了一个少女，恰如当初的自己第一次离开家乡时，扭捏局促，而爱丽丝也像当初那个教导自己的前辈一样引导着少女如何面对即将到来的布鲁克林。

故事的最后，爱丽丝在纽约的马路上迎接着迎面走来的托尼，相拥在布鲁克林的街头。

案例点评

《布鲁克林》是一部爱情喜剧片。该片讲述了爱尔兰姑娘爱丽丝在为了前途只身一人前往美国布鲁克林并在这里取得了一系列成就、邂逅了自己未来的丈夫托尼之后，不得不在布鲁克林与家乡爱尔兰之间做出选择的故事。

该影片以诙谐幽默的生活细节引起了移民时代的人们对于大城市的向往与故乡的羁绊的共鸣，获得广泛认可。

一、爱的探索：我是谁?

人的一生，从出生到成长、成熟、衰落、死亡是一个持续不断的发展过程。著名心理学家埃里克森从弗洛伊德的精神分析学出发，提出了人格发展八阶段理论。埃里克森将人生的发展分为了八个阶段，成年前的五个阶段分别是：基本信任对基本不信任、自主对羞愧、主动对内疚、勤奋对自卑、自我同一性对角色混乱，这五个阶段影响到人生的发展方向。而成人后的后三个阶段，则涉及与他人建立亲密关系、生育、自我调整以及对死亡的态度。

埃里克森认为各发展阶段不是完全相互独立的，人的一生的发展是一个整体，每一阶段都要被前一阶段所发生的情况所影响，与此同时对下一阶段的发展产生影响。在每一个人生发展阶段，总有要学习和解决的中心任务。毫无疑问，正处于人生中最美好的青春年华时期的爱丽丝，也正面临着这一任务。在影片的开头，爱丽丝正面临着寻找工作的难题，此时的她，已然从被姐姐庇护着长大的小女孩，转变为这个家庭的重要支撑。爱丽丝必须要学会依靠自己获得收入来生存，而不是依靠姐姐的接济。显然，在偏僻又封闭的小镇中，找到一份称心如意的工作并不容易，为此，爱丽丝感到迷茫和焦虑。实际上，爱丽丝所面临的问题，正是这一阶段的人们所普遍面临的发展问题：角色混乱。在这一阶段，青少年逐渐承担成年人的角色，然而，由于对自身能力的认识不足与片面性，青少年往往不知道自己应该选择什么样的职业，以什么样的方式承担属于自己的社会责任，进而反哺家庭，为社会做贡献。除此之外，由于家庭的作用逐渐减弱，不再是最基本的社会支持因素，家庭所带来的归属感与安全感也不再能满足青少年的需要，青少年需要以新的角色和身份与社会产生联系、获得支持。

爱丽丝是幸运的，她有一个全心全意为她着想的姐姐。为了妹妹能有一个美好的未来，爱丽丝的姐姐为她规划了未来的道路：去往繁华的纽约进一步学习深造，并取得一份较为安稳的工作。尽管前路是迷茫未知的，但姐姐的安排无疑为正处于发展危机中的爱丽丝提供了前进的方向。而在纽约的爱丽丝，也不负姐姐所望，她积极地与寄宿家庭的姐妹们交往，刻苦认真地在夜校学习，努力地融入新环境。最终，爱丽丝在夜校完成了学业，并取得了会计师证书，成功地完成了社会角色的转换和职业生涯的探索。

家庭需要爱的流动和支持奠定基础，但当其他因素动摇了原本的爱和支持的存在的时候，这个家也将走向崩离。因此，如果想要组成一个良好温馨的家庭，那么这个家庭的成员间一定要有爱的流动和支持，只有这样这个家庭才能相互关爱，互相牵绊，才能孕育出良好的感情。正如爱丽丝的家庭，尽管父亲早逝，但在这个家庭中撑起了整个家的姐姐、年迈的母亲以及即将成人的爱丽丝都表现出了彼此之间相互的爱与支持，无论是姐姐的鼓励和支持，还是母亲的安慰与不舍，都是支撑着爱丽丝走向远方的底气与勇气。

二、何处是我家：归属与爱的需要

埃里克森认为，亲密与孤独是成年早期必须要面临的发展任务。马斯洛将归属与爱的需要归为人的五个基本需要之一。

柏林则认为那些没有群体可以归属的人"不论是在精神上还是在肉体上都是被放逐的或自我放逐的"。

由此可见，归属与爱的需要对人们的重要性。身为由爱尔兰裔移民至纽约的爱丽丝，在异乡所展示的对故乡的思念以及迫切希望融入新环境的渴望，都展现了爱丽丝对归属与爱的需要。在影片所展示的时代，美国的移民热仍旧不减，源源不断的爱尔兰人带着对新生活的期盼和对大城市的憧憬前往纽约。在美国的东海岸，来自世界各地的族群，为了自身的利益聚集在一起，抱团取暖。刚刚离开故乡的爱丽丝，在到达陌生的纽约时，感到惶惶不安。尽管在布鲁克林学习与工作的过程中，爱丽丝不可避免地遇到了困难与挑战，如爱丽丝在第一天上班时，由于不熟悉柜台的操作，受到了上司的指责。但也正是在这座看似繁华冷漠的城市，爱丽丝得到了许多人的关照与爱。在纽约，当地牧师帮助爱丽丝定居；在寄宿家庭中，老奶奶给予爱丽丝温暖和鼓励，同龄的姐妹们教授爱丽丝时尚潮流的装扮；在商店工作时，尽管开始的时候步履维艰，但爱丽丝也以自己的努力令她的上司对她刮目相看。甚至是在男友托尼的家中，当不懂事的小男孩大叫不喜欢爱尔兰人后，托尼的家人也带着小男孩向爱丽丝道歉，并对爱丽丝的到来表示诚挚的欢迎。

系统式家庭疗法认为，每个家庭都受家庭当中的人际关系、家庭规范和家庭成员角色的影响，而这些影响因素又源于更大的社会系统（邻居、学校、职场、政治机构、媒体、教会、经纪机构和组织等）。如果说故乡是支撑着我们走向新乡的心灵寄托，那么新乡则以认同的姿态给予我们安全的避风港。在纽约的短短一年时间里，爱丽丝能快速地从对故乡的思念中走出，正是由于这些在纽约的新的"亲人"令爱丽丝重新获得了安全感和归属感，体会到了来自新环境的善意与爱。而这其中，爱丽丝在舞会上所认识的男友托尼所起的作用又是举足轻重的。在与托尼相遇之后，爱丽丝的生活不再单调，她开始出入娱乐场所。在每次夜校下课之后，托尼都会陪她一同回家。在托尼的陪伴下，爱丽丝开始感受到了生活的美好，体会到了来自托尼的另一种不同于亲人与朋友的爱。随着爱丽丝取得了会计师的证书，逐渐在布鲁克林站稳了脚跟，爱丽丝终于敞开心扉，接受了托尼的告白。爱丽丝与托尼陷入了热恋之中，此时的爱丽丝，就如同一个真正出生在美国的城市女郎一样穿着时尚潮流的泳装，在金色的沙滩与碧蓝的海面上与托尼相吻，彻底融入了这座开放接纳的城市。

家庭的主要功能是为成员提供稳定感与安全感，同时通过家庭结构的不断调整来适应新的生活环境。爱丽丝在离开原有的家庭以后，与在布鲁克林的朋友和同伴的依恋逐渐增强，获得了经济上、功能上和心理上的独立。尤其是在与托尼建立了新的配偶关系后，形成了新的系统结构，获得了新的支撑，终于在陌生的他乡，寻找到了新的心灵寄托与安全的港湾。

此时的纽约对爱丽丝而言又何尝不是一个家乡？

三、找寻自己的真爱与梦想：自我实现的需要

荣格认为，人类的内心深处有着潜在的自我实现力量，促使自身向着一种平衡的、完整的发展水平前进。很多时候，我们需要放弃很多前半生指导我们的价值观和行为模式，直面潜意识的内容。人不仅仅被过去的事件塑造，未来对我们的影响与过去一样重要。现在的我们，由我们曾经是什么样的人和我们渴望将来成为什么样的人共同决定。

毛姆曾说过：当人类达到自我实现的时候，也就是充分利用了生命；他对受转瞬之念和不受控制的本能辖制的生命少有尊重之心。自我实现将人拥有的每一种能力都带至最高的完美境地，使你从生命中得到所有能够挤出的快乐、美丽、情感和兴趣。但自我实现的困难在于，他人的要求常常限制你的活动。

爱丽丝为了追求美好的未来，而坚定地走向了通往纽约的轮船。在纽约，她认识了更多的朋友，见识了更广阔的世界，实现了自身的一次华丽蝶变。当从纽约回到家乡时，爱丽丝不再是那个土里土气的小女孩，反而变得光彩夺目，令人惊羡。在朋友的引荐下，爱丽丝与小镇上有名的富二代相识，在一同前往海滩游玩的时候，爱丽丝用在布鲁克林学到的经验，早早地穿好了泳衣而没有像其他人一样陷入狼狈换衣的尴尬中。每个人都因爱丽丝从美国回来而对她刮目相看，爱丽丝获得了曾经所期待的一切：母亲的期待、优越的工作以及他人的追求。一切看起来都是那么美好，甚至爱丽丝本身也在犹豫着是否要放弃在家乡这一眼看得见的平稳圆满的未来，而再次返回既有爱情与前途，也有挑战与风险的纽约。就在这种两难的境地中，面包店老板娘找上爱丽丝，用刻薄的语言告诉了爱丽丝自己已经知道她在美国与人相爱并结婚的事实。面对老板娘傲慢得意的表情，爱丽丝站起身来，告诉老板娘是自己忘了——不是忘了在美国的婚约，而是忘了这座小镇原本的样子。她坚定地朝电话亭走去，订了前往布鲁克林的船票。

人本主义认为，我们每个人都有能力应对压力，掌控自己的生活，并获得我们想要的东西，我们都有能力理解并突破自身和所处的世界。马斯洛将自我实现的需要放在金字塔的顶端，将它视为人类最高层次的需要，当人们已经满足了基本需求后，对自我实现的需要将是人们与生俱来的本能。曾经的爱丽丝对于未来的生活浑浑噩噩，唯一想求的就是一份稳定的工作，在小镇过着安分守己却又波澜不惊的生活。然而，在见证过更加优秀自信的自己，在经历过追逐着梦想获得成功的喜悦，在获得过一份心心相印的爱情后，才发现在小镇上这样安稳而又平庸地过完一生早已经是无法忍受的人生。对爱丽丝而言，封闭狭隘的小镇无法让她实现自我的价值。在最终意识到这一点后，爱丽丝毅然决然地选择了离开。于是爱丽丝向母亲和那位追求者坦白了自己已经结婚的事实，提上行李箱重新登上了轮船，回到那曾经对她而言陌生又憧憬，但现在却意味着爱情与自我价值的城市。

正如影片最后所说——终有一日，太阳会再次升起。你或许都未曾注意到，就这么悄无声息地，你会开始思考其他的事情，会挂念一个和你过去毫无交集的人，一个只属于你的人。那时你就会明白，这就是你的安生之地。

（盛宇菲）

○

第四编

家庭教育心理个案分析

第一部分　理论篇

　　家庭教育，是随着家庭这一概念的产生发展而逐渐显现出来的，体现了家庭的基本职能之一。2022年4月，全国妇联、教育部等11个部门印发了《关于指导推进家庭教育的五年规划（2021—2025年）》，进一步阐明了家庭教育的重要性，指出家庭教育在培养社会主义建设者和接班人中发挥的作用巨大。孩子的发展与每个家庭息息相关，事关国家的未来，这使得社会各界愈发关注家庭教育。家庭教育离不开心理科学的辅助，其中，家庭教育心理学是父母提高对家庭教育认识的重要途径之一。事实上，不少家长在生活中都或深或浅地运用着心理学知识教育孩子，与孩子进行心理上的博弈。但是家长们对家庭教育心理学缺乏一定的了解。因此，本篇内容主要从家庭教育心理学以及家庭心理咨询与治疗两个方面入手，阐述家庭教育心理学中的规律，探讨当前在家庭教育中常见的心理问题，以及介绍家庭心理咨询与治疗的主要理论流派及常用技术。

第一节　家庭教育心理学

　　家庭教育心理学主要是对孩子的心灵进行阐述，并且对孩子的行为进行研究，它渗透在孩子成长的整个过程中（云晓，2009）。心理学家指出，人类的行为是由人类的心理所决定的。作为父母，要想真正"读懂"孩子，不能只从孩子的"行为"入手，更要重视孩子的"心灵"。父母在对子女实施教育时，要着力探寻某些"心理规律"所带来的正面或者负面影响，并加以有效地运用，引导孩子走向良性发展的道路。

一、家庭教育中的心理学规律

那么在家庭教育中有哪些心理学规律家长可以进行有效运用呢？常见的家庭教育中的心理学规律有以下十种：

1. 心理规律一：罗森塔尔效应

心理学家罗森塔尔在某小学做过这样的试验：从每个班级随机抽取三个人，然后将这些学生的名字写在一张纸上交给校长，并且告知校长这些学生将来肯定会有所成就。一段时间过后，罗森塔尔又回到这所小学进行复测，发现名单上的孩子，无论其最开始的学习状况如何，与其他学生相比，学习成绩有明显的进步。在性格方面也更加活泼开朗，求知欲更加旺盛（林崇德，2003）。

心理学上把对某人或某事具有信念或是期望态度而发生预期的结果的现象称之为"罗森塔尔效应"。之所以产生这种现象，是其中的"暗示"在发挥作用。实验中，尽管校长没有向学生群体公布名单，但是在学习生活中，各位教师有了明显的偏向，会对名单上出现的孩子多加关注，并产生一种积极心理，而这种积极心理就是一种积极的暗示。例如，如果父母给予孩子积极的反馈，那么孩子对于学习的期望和积极性也就越高，而且还会不自觉地向着父母对他的期望靠拢，最终期望就很可能会变为现实。

2. 心理规律二：手表定理

有一个心理学实验：当一个人只有一块表的时候，这个人可以迅速且果断地告知别人时间；当给人两块手表，且它们的时间不一致的时候，这个人不能够很明确地给出时间。心理学家把上述现象称之为"手表现象"，并由此得出一个结论：个体如果同时选择两个或多个不同的价值观，个体会陷入迷茫状态，不知道到底哪个是正确的，称之为"手表定理"。

该定理在家庭教育中的启示是，家长对孩子的教育不能前后矛盾，通常体现为夫妻双方的教育观点不一致、父母与长辈间的教育观点不一致。例如，孩子犯了错，父母对他进行严厉的批评教育，孩子因为受到批评而哭泣，此时家长又拿出玩具来哄孩子。原本，孩子可能正处在自责内疚的情绪当中，当看到家长来哄自己，孩子就会知道只要自己哭闹，家长就会退让。这种教育方式不但不能帮助孩子减少不当行为，更有可能助长孩子的不当行为。

3. 心理规律三：蝴蝶效应

研究表明，南半球的蝴蝶拍打翅膀带来的微弱气流，再加上其他种种因素，在数周内将演变为一场龙卷风。有学者把这种现象称为"蝴蝶效应"，并表述为：一个轻微的起因，在时间和其他众多因素的作用下，会产生巨大的效果。

有这么一则故事：一个小孩偷了别人家一颗鸡蛋，妈妈没有批评指责他，反而夸他机敏能干。之后，这个小孩越偷越大，最终被判了死刑。行刑前，他提出想再吃一次妈妈的奶，结果却把妈妈的乳头咬了下来。他对妈妈说："如果当初我偷鸡蛋的时候，你对我批评教育或是打骂，而不是表扬我，我就不会走上一条不归路了！"故事中的小孩，因为第一次偷东西被母亲表扬，经过时间和其他因素的作用，导致他最终成为一个盗贼。

凡事都有"时间延迟"关系，以往的行为往往需要一定时间才能反映出结果。家庭教育的后果尤其如此，需要经过较长一段时间才会反映出来，因此教育无小事，任何一个微小的动作或是不经意的话语都有可能对孩子造成极大的影响。

4. 心理规律四：贴标签效应

心理学家克劳特做了如下的实验：他要求人们为慈善事业献出自己的一份力，之后根据他们做贡献的程度，为他们贴上"善良的"或"不善良的"标签。另一组被试则没有用这种方法。之后，再次向他们提出捐献的要求，被贴上标签的人们以标签项表现自己。当一个人被贴上某种标签时，他会通过印象管理，使其行为符合被标签的内容，这种现象称之为"贴标签效应"。

如果家长经常对孩子吼叫"你这么笨，不会是我们当初从医院抱错了吧""我们家怎么有你这么笨的人啊""这个题不是很简单吗？你表弟估计都能解出来"等等，长此以往，孩子很有可能就会朝着这些方向发展，变成名副其实的"傻瓜"。家长应该放下孩子优缺点的执念，多对孩子贴正向的标签，让他们向积极的方向发展。

5.心理规律五：增减效应

增减效应，其含义是任何人都希望其他人对自己的喜欢能够"一点一点增加"而不是"一点一点减少"。在生活当中，有的售货员一点一点往里加东西上称，有的售货员先放进很多然后一点一点取出来，往往前者给人的感觉更舒适，正是利用了"增减效应"。

在对孩子进行评价时，家长往往采用的是"先褒后贬"，而这种做法其实不太理想。从心理学层面看，人们大都比较反感夸奖和奖励逐渐减少，而更加喜欢夸奖和奖励逐渐增加的做法。比如，孩子犯了错，家长应该先指出孩子的错误之处，然后再对孩子进行一番表扬和鼓励，这样孩子就不会产生一种自己一无是处的负面心理。

6.心理规律六：登门槛效应

有位心理学家曾做过这样的实验：调研员任意选取一些家庭主妇作为实验组，让她们在家里窗户上挂个小牌子，她们欣然答应了。过些时间，对实验组的家庭主妇进行回访，这次要求她们在院子里立一个又大又不美观的牌子，结果一半以上家庭主妇都答应了。与此同时，调研员又任意选取另一些家庭主妇作为对照组，直接向她们提出实验组的第二个要求，结果近八成家庭主妇都不同意。心理学家将个体在接受低要求之后，更容易接受稍高要求的现象称之为"登门槛效应"。

在家庭教育当中可以如何运用呢？如果孩子的学习成绩不佳，父母不应该在短时间内提出过多的要求，而应该先提出一个相较于现阶段的表现而言能够取得的小进步，当孩子达到目标之后要给予鼓励和表扬，再提出相对高一些的要求，从而使得孩子逐渐进步，一直努力向上。该方法的使用要结合孩子的实际情况以及心理发展水平进行，合理利用该方法有助于孩子培养好的习惯。

7.心理规律七：南风效应

"南风效应"源于一则寓言故事：南风和北风都觉得自己的风力大，他们想看看谁能让行人把身上的大衣脱掉。北风呼呼地吹着，只见行人为抵御寒风，把大衣捂得紧紧的。南风缓缓地吹着，天气开始变得风和日丽，行人感觉到舒适温暖，纷纷把大衣脱下。结果显而易见，南风获得了最后的胜利。

南风和北风的做法，其实对应了家庭教育中的两种方式，与孩子沟通的过程中是充满冷酷还是充满爱意。

某天放学，一群孩子在小区里打篮球，一个孩子不小心把篮球抛到了邻居家的窗户上，砸碎了玻璃，回家和妈妈说明情况后，妈妈火冒三丈："之前不是和你说了，要打球去篮球场打，别在小区里面，说了又不听，我看你的脑子是白长了！"之后，这位孩子屡屡犯错，引得父母生气。

另一个孩子也因为玩耍弄碎了家里的玻璃。通过沟通，这位妈妈知道孩子是因为摔倒了，把手中的玩具甩了出去进而导致玻璃被砸碎了。妈妈心平气和地问孩子有没有受伤，先安抚了孩子的情绪，然后告诉他玩的时候也需要注意安全。后来，他在小伙伴当中充当了"安全员"的角色，不但注意自己，也会提醒其他的小伙伴，在玩的时候也是需要注意安全的。

通过以上两个故事，我们可以看出，宽容比呵斥更加能达到教育效果。纠正孩子的不良习惯或者是不良行为，父母应该做的是给予及时的提醒，以及告诉孩子该如何改正，而不是对孩子大吼大叫、指责甚至谩骂。"北风式"教育方式会伤及孩子的自尊心，破坏亲子间的关系；而"南风式"教育方式更容易让孩子接受，也更能够达到教育的目的。

8.心理规律八：德西效应

一位老先生在地处偏僻的村庄静养，但每天都有许多孩子到老先生的住所周边玩耍，他们的吵闹声使老先生无法按时休息。一段时间过后，老先生有了一个妙招——他告诉孩子们，谁的叫喊声越大，谁拿到的钱就越多。几天过后，老先生给的奖励渐渐少了，之后，有的孩子使尽浑身解数叫喊，都没有任何奖励了。故事的最后，孩子们再也不到老先生的房子附近大声吵闹了。

这个故事中，老人把孩子原本"因为自己玩得开心而叫喊"的内部动机转化为"为了拿到老人金钱奖励而叫喊"的外部动机。在某些情况下，当人们的外部动机和内部动机同时起作用时，反而可能会降低动机强度，心理学家将这种现象称之为"德西效应"。

在生活当中，家长总会用物质来奖励孩子取得的进步，如父母会对孩子说"如果这次考试你考了全班第一，就给你买新的玩具""如果你考了年级前十，就给你买游戏机"，等等。不少家长可能没有意识到，这些是不适当的奖励机制。原本孩子会以自己努力了换来进步作为内部动机，但是在这种奖励机制下，会逐渐偏向为了获取物质奖励而学习，内部动机减弱，不利于孩子学习兴趣的培养。同时也有研究表明，由物质刺激所引发的学习兴趣从某种程度上说是不长久的（单松涛，1996）。因此家长需要注意，表扬或是奖励孩子要以他们的内部动机为主，让孩子意识到自己在进步、成长。

9.心理规律九：超限效应

有位心理学家在某所小学做过这样一个实验：心理学家要求孩子们把他们最反感父母的什么行为写下来。实验的结果显示，近八成的孩子都在纸上提到了"唠叨"这个词。在家庭当中，这种角色往往由母亲来充当，而大多数母亲也会疑惑，明明是为了自己家的孩子好，反而引得孩子讨厌。其实，孩子们所产生的厌恶情绪和反感，在心理学上称之为"超限反应"。

有一件曾发生在美国著名小说家马克·吐温身上的趣事。一次，他在教堂听牧师的演讲。最初的几分钟，他觉得牧师的演讲非常好，有捐款的打算。十分钟之后，他觉得有些不耐烦，决定只捐一些零钱。又一个十分钟后，牧师还没有结束，他决定不再捐钱了。等到牧师最后结束演讲开始募捐时，他感到很生气，甚至从盘子里偷走了几元钱。

之后，外国学者把这种由于刺激过多以及作用时间过久而引起心理不适、逆反情绪或行为的现象称之为"超限效应"（Corony Edwards & Jane Willis，2005）。

可见，成年人都会对这种不断重复的"唠叨"产生厌烦情绪，更何况是处在身心快速发展阶段的孩子们。因此，在家庭教育中为了避免"超限效应"，父母在对孩子进行批评教育或者是嘱咐交代的时候都不要超过限度，否则会适得其反，让孩子产生"你不让我这样，我偏要这样"的逆反心理。

10. 心理规律十：凯迪拉克效应

在美国的一个州，有位印第安老人，他过了大半辈子贫苦生活，某天他无意发现了石油，这使他摇身一变成了富翁。老人成为富翁后立即去买了一辆豪车，但他没有发动汽车，而是找来几匹马在豪车的前面拉着。有机械师看到这个景象，以为是汽车本身有故障。但是当机械师系统地检查完之后，发现汽车的马力最大足足有一百码，根本不需要靠外力去拉动，性能也都是正常的。只是这位印第安老人不懂得如何发动汽车，只会用马去拉。

许多家长的教育方式有着些许印第安老人的影子，按照自己固有的认知和想法去塑造孩子，往往忽略了孩子本身的巨大潜能。

有这样一个案例：十岁的昊昊是家里的哥哥，周末的时候妈妈都会让哥哥帮妹妹在小区买早餐，每次昊昊买回来之后，妈妈都会给予表扬，昊昊因此也很有成就感。然而，奶奶来家里之后的第二个周末，昊昊不想去买了，他说自己可能会摔跤，可能做不好这件事。起因是：从第一周开始，奶奶得知自己的宝贝孙子每周末都要帮忙买早点，很心疼他。然后每天就和妈妈抱怨：昊昊这么小就让他去买饭，小区里车这么多，万一遇到危险怎么办？万一没注意台阶，摔跤了怎么办？别让昊昊去买了……这些昊昊都看在眼里，听在心里。

案例中的昊昊真的没有能力吗？他明明有这些能力，但是每天听着奶奶说自己其实是不行的，就认为自己没有这些能力了。在家庭教育中，不要低估孩子的能力，也不要压抑孩子的天性。家长需要做的不是如寓言中的马一样拉着他们前进，而是应该在他们身侧，给他们力量，让他们自主前进。

二、家庭教育中常见的心理问题

在社会竞争日趋激烈的情况下，越来越多的人被焦虑的浪潮所侵袭，而这种焦虑情绪已经呈现逐渐低龄化的趋势，对家庭教育以及儿童青少年的心理健康产生了一定的影响。在一项调查结果中显示，我国儿童青少年整体精神障碍流行率高达 17.5%。作为家长，准确识别他们的心理问题显得十分必要。在当前的家庭教育中常见的心理问题有以下几种：

1. 对抗行为

逆反心理一般发生在两个阶段，第一阶段是幼儿 3 岁左右开始，孩子的自我意识越来越强，强烈的自我中心主义，面对父母的要求，孩子往往喜欢反其道而行之；第二阶段是 11 岁至 18 岁左右，孩子的独立意识日益增强，并且认为父母与自己存在代沟，不愿与父母进行沟通（朱国庆，2017），其过度的逆反心理不利于自身的发展。所谓逆反心理，是指一个人在触及超出个人感官接收阈限时所表现出来的一种反抗权威和抗拒教化的心理趋势。逆反心理通常以对抗行为的方式显现出来。在家庭中通常表现为对父母长辈的不尊重，不听从父母长辈的管教（王海娟，贾赟，李寿福，2022）。

导致孩子出现对抗行为的成因之一是家庭教育方式。家庭教育方式以父母对子女管教程度的严格与否以及是否听取孩子的意见为依据，分为四类：民主型、放任型、专制型、过度保护型。专制型家庭教育方式是父母作为"指挥官"，不重视与孩子进行沟通交流，孩子是无条件的"服从者"。受专制型家庭教育方式影响长大的孩子有两个极端，即逆来顺受和极端反抗。在家庭教育中，要根据孩子的个人特质选择合适的教育方式，要尽可能避免专制型方式，以免孩子出现极端的对抗行为。

2. 社会性发展水平偏低

社会性发展，其含义的通俗解释是个人在与外部环境不断交互的过程中，习得社会中的规范、价值观等，其目的是个体能够适应在社会中生活。

家庭环境是影响孩子社会性发展的重要因素。有研究表明，中学生的社会性发展总体处于中等偏低的水平，并且不同的家庭氛围对孩子的社会性发展会产生不同的影响（陆钐方，2021）。在温馨的家庭氛围中成长的孩子，其社会性发展的得分显著高于在争吵或是冷漠的家庭氛围中成长的孩子。在该项研究中还发现，父母的文化程度对孩子的社会性发展均会产生一定的影响，主要是通过家庭教育中的言传身教、潜移默化，进而产生间接效应。在家庭层面，父母应尽可能为孩子创造和睦、平等的家庭氛围，为孩子提供充分的感情支持，进而有助于孩子增强适应社会的能力。

3. 情绪障碍

情绪障碍是儿童青少年当中常见的心理问题之一，通常表现为拒绝上学、逃学，严重的还可能表现出强迫、精神分裂等症状（张跃兵等，2018）。

研究表明，儿童青少年主要的情绪障碍表现为抑郁倾向，且女性人数更多。随着年龄的增大，还有可能表现为注意力下降、破坏行为增多等。在影响情绪障碍的众多因素中，父母的教养方式对儿童青少年的影响占据较大的部分。这类群体的父亲的教养方式倾向于低情感高惩罚、高拒绝，而母亲的教养方式倾向于过度保护和干预。对这类家庭积极采取相应的干预措施，指导父母使用正确的家庭教养方式，十分有必要。

4. 自我伤害

自我伤害指的是非自杀性自我伤害，即个体没有自杀的动机，而有意地伤害自己身体的行为，且具有多发性。这种行为在青少年群体中发生的概率较高，已经严重影响到了青少年的心理健康（曾祥宇等，2016）。有研究表明，家庭因素是影响青少年自我伤害的主要原因之一，特别是家庭因素中青少年的成长经历、父母的婚姻是否和睦以及父母与子女间的亲子关系。家庭是孩子成长的港湾，多与孩子进行沟通，以及多多给予孩子关注，同时也要注意婚姻的幸福指数，这样才有助于孩子健康情绪的培养。

第二节 家庭心理咨询与治疗

家庭心理咨询与治疗区别于个体咨询与治疗，它强调系统观原则。家庭治疗认为，个别家庭成员的心理或行为失调的妥当理解是把它们看作系统出问题的一种表现。因此，家庭治疗聚焦于家庭成员之间的人际关系，而不孤立地分析个人的内在心理构造与状态。即家庭心理咨询与治疗是一个人际互动的过程，它不着眼于具体某个人的问题。家庭心理咨询与治疗的核心是解决家庭成员之间的纷争、矛盾，缓解不和谐的家庭人际关系。

一、家庭心理咨询与治疗的主要理论流派概述

家庭咨询与治疗领域内具有代表性的七个流派主要为：系统式家庭治疗、结构式家庭治疗、策略式家庭治疗、萨提亚模式、经验式家庭治疗、认知行为家庭治疗、叙事家庭治疗和多世代家庭治疗等。

（一）系统式家庭治疗（Systematic Family Therapy）

20世纪40年代末，鲍恩（Murray Bowen）总结临床实践经验提出了系统家庭理论，他认为个人身上出现的问题源于其与环境之间互动的失调。

基于现代系统论，系统式家庭治疗模式以系统的眼光看待家庭现象，它把一个家庭看作一个系统，其中的每个成员都是一个子系统。它强调人是在系统之中的，应当在家庭环境这一系统中解释个体行为和问题；相反，家庭系统中家庭成员的情绪反应和行为表现也会影响家庭系统中的其他成员（任丽平,2012）。

系统式家庭治疗旨在通过处理和改善个体间的互动系统来减少家庭内部的痛苦和冲突。它挖掘更深层，没有完全停留在表面的人际互动上，治疗师会借助家谱图、简单的线条和符号来描述家庭成员与成员之间的关系，通过反复提问的方式让成员之间去进行无意识的思考以及潜意识的流露。

（二）结构式家庭治疗（Structural Family Therapy）

结构式家庭治疗是米纽庆（Salvador Minuchin）于20世纪60年代创建

的一种治疗模式。

结构式家庭治疗认为问题是家庭结构与环境不适应的产物。个体问题只是表象，家庭问题才是根源所在。此模式主张通过多元化、多层次的家庭介入来解决家庭的问题，设法改变维持家庭问题或症状的家庭互动模式。其主要观点包括：

1. 家庭结构

家庭结构是指家庭成员之间互动的组织模式、规则及权威的分配。家庭作为一个系统，由个体和不同的子系统构成（任丽平，2012）。系统的规则与界限，使得家庭功能得到分化，影响个体的心理与行为，促进整个家庭系统的良好运转。

2. 家庭子系统

子系统通常是依照性别、辈分（如祖父母／父母／孩子）或功能（谁负责做哪些家务）等来区分的（朱臻雯，2003）。家庭成员在不同子系统中有不同的身份，扮演不同的角色，互动方式也不一样。子系统可以是明显的群集，如夫妻、亲子和同胞都可以成为子系统；也可以是以诸如父亲和子女形成联盟而孤立母亲这种潜在的形式出现。

3. 界限

强调界限感。家庭成员之间虽然很亲密，但每个人都有自己的舒适圈，有自己的界限，过多侵入或过多疏离都不太适合。这个模式的核心是强调分化、界限和独立。

结构式家庭治疗关注此时此地，但也以动态发展的眼光看家庭结构的发展。

（三）策略式家庭治疗（Strategic Family Therapy）

策略式家庭治疗强调一种有计划的、以问题解决为导向的变化，其问题是真实的问题。其任务是针对家庭成员的人际互动情况制定明确的目标，设计出一整套干预措施并仔细地针对问题安排具体的治疗策略（王晓辉，2002）。

策略式家庭治疗认为家庭就像一个生命，可以通过自我调节维持一种稳定的状态，方式就是通过反馈机制包括正反馈与负反馈，也就是我们的沟通。策略式家庭治疗模式的特点是以动态的方式了解家庭问题的原因，并制定有计划的治疗方案，以求有层次地改变家庭问题。在建立关系的基础上，直接面对问题以促使具体行为改变，是一种权威式的干预方式。

策略派给家庭治疗领域创造了非常大的贡献，例如，关于人际沟通的理论，悖论与反悖论技术，家庭中的权力议题，以及询问提问技术等。

（四）萨提亚模式（Satir Transformational Systemic Therapy）

萨提亚模式又称萨提亚沟通模式、联合家庭治疗，是美国家庭治疗的先驱弗吉尼亚·萨提亚女士提出的以人本主义理念为基础的理论体系。萨提亚模式关注家庭成员之间的沟通，相信每个人都有改变自己的能力和资源，主张通过原生家庭寻找个体问题的原因。从心理治疗的观点看，萨提亚模式属于体验式的家庭治疗体系（约翰·贝曼，2009）。

萨提亚家庭治疗理论分为四种信念：对人的信念、对家庭的信念、对改变的信念和对治疗的信念。同时，提出五种状态：

（1）讨好型：它常表现为一种快乐的状态，但以牺牲自我价值为代价。

（2）责备型：他与讨好型态度刚好相反，是把所有问题和矛盾全部归于别人。

（3）超理智型：经常表现为"无动于衷"，藐视自己和他人的一个状态。

（4）打岔型：他与超理智型对立，就像是一个多动症患者。

（5）表里一致型：这是最理想的一个状态，可以坦然地去欣赏自己，接受他人。

萨提亚提出的"冰山理论"隐喻个体的外显行为和内在心理，水面之上的冰山象征外显行为，可以被人清晰地观察到；水面之下的冰山不容易被人发现，代表人潜在的内心世界。在家庭咨询与治疗中，萨提亚模式可以帮助家庭成员清晰地看到自己与其他家庭成员的内心世界。

萨提亚认为改进家庭成员之间的沟通方式才是处理家庭冲突的重点，通过沟通，让家庭成员之间获得有意识的觉察。治疗的重心在于家庭的流动状态而不是单一个体，使家庭从功能紊乱的状态变成更加开放、灵活且令人满意的状态。

（五）经验式家庭治疗（Empirical Family Therapy）

经验式家庭治疗与人本主义、存在主义密切相关，代表人物是萨提亚和惠特克。他们认为家庭问题是家庭中情绪不能流动的结果，对情绪的压抑是家庭问题的根源（王晓辉，2002）。

经验式家庭治疗关注家庭中的情绪，认为家庭成员为了寻求安全感而逃避冲突与压抑感受，被困在自我保护和避免伤害的怪圈中，有问题的互动来自于防御性的投射结果。比如家长试图通过恐吓来规范孩子的行为，那么孩子就会钝化自己的情感体验，来避免被批评与惩罚。结果是孩子感受到那些压抑情绪带来的冷漠、无趣和焦虑。此外，压抑感受还可能使自我实现的需要与适应社会现实之间相冲突。

治疗师一般担任煽动家庭开放、真实与自发性的角色，促进家庭成员真实的情感体验与表达，相信其生命本身具有创造力，因此更加注重提升家庭的功能，从而找出适合的办法来处理这些问题。

（六）认知行为家庭治疗（Cognitive-Behavioral Family Therapy）

行为家庭治疗关注家庭成员间的行为表现，通过给予适当的强化物促进家庭行为的改善。通过改变父母对儿童的反应方式来改变儿童的行为，比如父母发生激烈冲突时，孩子听到爸妈吵架哭泣，当父母听到孩子的哭声后立马停止吵架，恢复正常。行为是孩子哭泣，强化物是父母停止争吵。所以在孩子眼里，只要我哭，爸妈就能好好的。总体目标是消除不良行为，并强化积极的替代行为。

认知主义强调改变认知偏差以规范行为，进一步丰富了行为家庭治疗理论。理性情绪治疗帮助家庭成员看到他们的情绪困扰源于不合理的信念，通过修改这些自我挫败的想法，可以提高家庭生活质量。认知、情绪和行为三者之间相互影响，不合理的一些信念导致情绪是家庭问题的根源，治疗的目的在于找出不合理的信念，纠正认知偏差。

（七）叙事家庭治疗（Narrative Family Therapy）

叙事家庭治疗认为每个人都有一个关于自我叙事的故事，这个自我的故事是我们早期经验与文化环境赋予我们的。在叙事家庭治疗中，家庭问题被认为是自我真实经验所建构的故事与自我叙事的故事之间发生了冲突。叙事家庭治疗的方向就是重塑家庭成员的自我叙事。叙事其实是在增强家庭成员的心理弹性，让其变得更加适应目前的困局，是变消极叙事为积极叙事，使问题外化，重构积极故事，以唤醒当事人改变内在力量，引导他们走出困境的过程（任丽平，2012）。"外化"是指将家庭问题与家庭成员分离，使其能跳出问题的自责情绪，从客体的角度去审视问题，促使家庭个体觉察自身及周围已有的解决问题的资源。叙事家庭治疗能促进个体进行反省，能提高家庭成员的自主独立性。

（八）多世代家庭治疗（Multigenerational Family Therapy）

鲍文的多世代家庭治疗认为慢性焦虑是所有病症的主导原因，相应的对策就是"区隔化"。自我区隔化是一种个体在家庭与其他群体间保持平衡状态的能力，可以让家庭中的个体维持自身的独立性，当面对家庭中其他焦虑个体时不至于让自己陷入焦虑的情绪中，而能保持自身不焦虑的状态。

区隔化程度低会形成情绪融合，情绪融合很可能会导致家庭矛盾进一步恶化。例如在一个家庭中，父母双方的融合程度都很高，其构成的情绪系统不稳定。当面临压力时，他们会彼此影响甚至助长各自的焦虑，于是他们会尝试各种方法来缓解紧张局面，其中最典型的就是把第三个人牵扯进来。而第三个人通常是子女，通过过度关心子女来转移注意力，以形成三角关系。自我区隔化程度越低的人，越容易采用三角化的方式来处理关系中的情绪压力。但当压力超过三角关系的负荷时，家庭中就会爆发问题，且往往是被拉进三角关系的孩子成为牺牲者（朱臻雯，2003）。

因此，多世代家庭治疗关注的核心是降低情绪融合和焦虑，最终提升个人在核心家庭系统和原生家庭中的区隔化程度。多世代家庭治疗与中国文化比较贴近，它所展示的内容与中国家庭呈现的内容有很多相似性。

二、家庭心理咨询与治疗的常用技术

家庭心理咨询与治疗同个体心理咨询与治疗带来的效果不同，咨询与治疗技术也不同（井军弟，2007）。个体咨询与治疗是针对个体内在的发展和成长的一些问题的探索；家庭心理咨询与治疗一般从人际关系和家庭矛盾入手。大部分家庭心理咨询是父母觉得自己无法管教子女，无法很好地运作家庭。家庭遭遇一些重大问题，比如离婚、丧亲等，这些对于家庭来说都是重大创伤，需要根据现实情况选择面向家庭成员所有人的咨询与治疗技术。以下是家庭心理咨询与治疗的常用技术：

（一）家庭系统排列（Family System Constellation）

家庭系统排列是德国心理治疗大师伯特·海灵格（Bert Hellinger）经过二十三年的研究发展出来的一种独特的心理治疗方法（李慧仙，2015）。由来访者随机挑选成员来代表来访者自己以及重要家庭成员，根据成员之间的情感关系排列在空间内。在此过程中，一些隐藏的家庭动力会浮现，来访者通过画面的呈现，接触到此前没有认识到的信息，与过往的创伤、事件或他人和解，重新形成一幅潜意识画面，达到疗愈的效果。

（二）描绘家谱图（Genogram）

家谱图是用一些简单的符号和线条展现家庭结构和家庭成员的代际关系，将家庭成员的基本特点以视觉化的形式呈现出来，让来访者认清他们面对的与挑战有关的更为广阔的背景。

家谱图能更直观地收集和记录家庭的相关资料，这些资料有助于理解家庭并把家庭与治疗探索过程联系起来（金琼，李晓驷，2011）。通过家谱图，治疗师可以探索来访家庭的困扰或问题，分析家庭结构和家庭关系模式，从而明确治疗的具体目标和方法，为效果评估提供依据。

（三）提问技术

提问是一门高深的学问，在家庭心理咨询与治疗中需要关注提问的技巧。提问技术一般可分为以下六类：

（1）循环性提问：治疗师面向所有家庭成员进行提问，就某一个问题分别请家庭中所有成员做出回答，提问的顺序不固定，主要是让家庭成员表达对另一个家庭成员或家庭成员关系间的看法。在此过程家庭成员间可以观察对方的交流方式，明晰对方的真实态度与想法，可以加强家庭成员间的理解，启发成员重新思考家庭关系和自己在家庭系统运转中的作用。

（2）差异性提问：设立两种有差异的对比情况提问，引导家庭成员注意到问题没有出现的情况，进而找出问题出现和不出现之间的差异。目的是不仅让来访者意识到对家庭问题应负的责任，而且也促其家人反省自己在来访者症状发生中应负的责任（任丽平，2012）。

（3）假设性提问：治疗师通过假设给家庭"照镜子"，提出看问题的不同视角。主要分为以下两种方式：一种是反馈式提问，它是与现实方向相反的一种提问，以增强来访者主动放弃问题行为表现的动机，例如："假如你对孩子多点关心，你觉得你们现在的关系会如何呢？"第二种是前馈式提问，它是一种未来取向的提问，强调来访者摆脱问题行为表现后的益处，例如："假如你和孩子的关系变成你理想中的样子，你的生活会发生什么变化呢？"假设性提问可以让来访者觉察自己并促进家庭行为模式的转变。

（4）量化性提问：以可具体化、可衡量化的方式来提问，主要用于评价家庭成员的反馈。例如："以百分制来评价你们在处理家庭冲突时同孩子的关系，你认为你们可以评多少分？"

（5）资源取向性提问：引导家庭成员将注意力转移至自身或他人的内在资源，以积极主动的心态解决问题。例如："你父亲在什么情况下不酗酒？"

（6）责任回归性提问：引导家庭成员意识到自身在已有的家庭问题或关系中所应承担的责任，而并不是一味指责和抱怨对方。例如："当你妻子教育孩子的时候，你做了什么？"

（四）家庭团体箱庭（Family Sand play）

箱庭疗法又称沙盘游戏疗法，指在治疗者的陪伴下，来访者从玩具架上自由挑选玩具，在盛有细沙的特制箱子里进行自我表现的一种心理疗法（陈顺森，张日昇，2007）。

在家庭团体箱庭中，主张把家庭成员与家庭问题分隔开，问题是问题，人不是问题，家庭成员从家庭问题中抽离出来，站在一个客体角度通过摆放玩具来审视问题。这是一个"问题外化"的过程。

家庭成员在建立界限与自由空间的沙箱中选择玩具并进行摆放，治疗师可以观察其中表达的家庭动力关系，了解家庭问题和潜在的解决方式，有利于重建动力关系和调适健康家庭关系。

（五）心理剧（Psychodrama）

心理剧是莫雷诺（Moreno）发展起来的一种心理学技术，以角色演出的方式呈现家庭生活的场景或情境。心理剧聚焦于家庭成员在特定情境中的表现，促进家庭成员回忆以往的表达方式与未表达的情绪。在表演心理剧的过程中，家庭成员的情绪可以得到宣泄。一旦被压抑的情绪得以排解，个体就能做出新的行为选择。此技术适用于持有偏见不满、沟通受阻的家庭。空椅技术也来源于心理剧。

（六）家庭雕塑（Family Sculpture）

家庭雕塑是维吉尼亚·萨提尔（Virginia Satir）发展起来的家庭治疗技术。来访者选择家庭中的常见主题，通过雕塑的方式来展现其中的系统动力，用表情、动作、姿势来塑造和呈现家庭中的沟通模式或关系模式。

家庭雕塑让来访者与其情绪经验保持适度距离，在空间中摆出家庭成员类似的表情、形态与距离来描绘事件过程，让其从复杂情绪中抽离出来，再进入这个重构的情境中，觉察家庭中的互动模式并做出合理判断。

家庭心理咨询与治疗最大的目的是减少成员之间的纷争和矛盾，通过一些技术的运用让家庭成员有一定的共情能力，并通过共情体验到对方的感受，进而加强沟通能力，促进家庭成员间的有效沟通，以便处理应对之后可能会在家庭中出现的冲突和问题，最终促进家庭团体及个体的心理成长。

第二部分 实战篇

发展你的天赋
——《弱点》中积极家庭教育的启示

中 文 名：弱点

英 文 名：The Blind Side

类　　型：传记

上映时间：2009 年

片　　长：129 分钟

剧情回眸

黑人 Mike 是一个无家可归的非洲裔男孩。自幼父母离异，母亲吸毒，不知父亲是何人，并且生活在充满血腥、帮派斗争、毒品、黑暗的混乱地区赫特村。在这种环境下长大的 Mike，自小沉默寡言，悲伤压抑，有着极强的自卑心理。又因为母亲不能提供很好的教育，所以 Mike 几乎是没有约束，像野草一样地自由生长。但好在 Mike 的母亲是爱他的，母亲告诉他："在见到不好的事情时只要闭上自己的眼睛。"母亲的这句话让 Mike 心中留下了一片纯净之地，这片纯净之地充满了善良。除了善良，Mike 还很懂得感恩，他知道母亲很爱他，所以在被美国州政府强制从母亲身边带走，送往寄养家庭以后，Mike 还是经常会从寄养家庭逃跑，回到家里照顾母亲。如果没有后面的那些故事，可能 Mike 就一直过着这样的生活了——充斥着危险、离别、没有希望的人生。

好在 Mike 是幸运的，他有超乎常人的运动天赋，一路走来，他也碰到了很多善良的人。比如留宿他的机械师大叔、执意要学校录取 Mike 的克顿教练。因为家庭环境恶劣，机械师大叔邀请 Mike 晚上留宿他家，给了 Mike 一个暂时的安身之所。后来机械师大叔觉得 Mike 是有运动天分的，于是就带着他去到一所私立学校。正是这个决定，让 Mike 能够有机会在克顿教练的面前展现出自己的天赋，最终被克顿教练欣赏。

克顿教练在学校其他人都反对的情况下，力保 Mike 可以被录取到这家基督教私立高中学校。他虽然各科考试都是低分，但一些细节让他显得与众不同。学校一次排球比赛结束后，所有的运动人员和观众渐渐都离开了场馆，只有 Mike 在主动收拾人们留下的垃圾，这一行为引起了陶西一家人的注意。在回家的途中，陶西太太看到 Mike 在冰冷的雨天独自行走，出于善心，她邀请 Mike 来到她家留宿。经过一系列事情之后，陶西太太发现了 Mike 的悲惨身世以及良好的品行，决定收养 Mike。

本来毫不相干的两类人，现在却生活在一起，他们究竟会发生什么样奇妙的故事呢？陶西太太根据 Mike 的特长和喜好，决定把他培养成橄榄球选手。同时陶西的儿子小肖还帮助 Mike 加强训练，使得 Mike 更快适应了橄榄球队的生活。终于，他在一次比赛中因为出色的表现获得了各大知名球队的赏识和认可，最终他选择密西西比大学，走上了橄榄球职业运动员道路。在与陶西一家人生活的日子里，Mike 逐渐感受到了家人的温暖，以前的他悲伤压抑，现在的他有了更多的笑容、更多的轻松愉悦、更多的自信，还有更多对生活的热爱。

案例点评

影片《弱点》改编自美国迈克尔·奥尔的作品《弱点：比赛进程》，讲述了 2009 年美国国家橄榄球球员迈克尔·奥赫不平凡的经历。这部影片是一部经典的主旋律电影，在励志的同时，具有很强的家庭教育意义，很容易触摸到人性当中最柔软的地方。其主旨也很简单：授人玫瑰，手留余香，当你拯救了别人的同时，也会成全自己。陶西太太的教育和引导对 Mike 走向成功之路具有非常重大的作用，使得 Mike 改变了过去自卑压抑的自我，重新塑造了一个有价值的自我。

在人一生成长的过程中，家庭教育起到了什么样的作用？原生家庭真能决定人的一生？如果说后天接受的教育能够让你摆脱原生家庭困境，你相信吗？

一、原生家庭不能决定人的一生

Mike 的老师从垃圾篓里捡起 Mike 写过的纸张，纸上面写着："《白墙》，我周围都是白色、白墙、白地板，好多白人。老师们不知道，其实我根本听不懂，我不想听人说话，尤其是老师，他们布置作业，希望我自己能搞定，我可从没做过作业……"

谈起原生家庭，很多人都会想到一段近年来很流行的话：有些人一生都被童年治愈，有些人一生都在治愈童年。随着社会对于家庭教育的重视程度越来越高，出现了各种反映家庭教育、家庭关系题材的电视剧或电影，比如《都挺好》《欢乐颂》《亲爱的小孩》等。在知乎、豆瓣、微博等网络社交媒体上，关于原生家庭对自己的影响、如何摆脱原生家庭的话题和话题参与者越来越多。这一系列的现象都反映出相比于过去，人们认识到了原生家庭问题的存在，以及想从原生家庭枷锁中摆脱出来的迫切心理。

原生家庭是一个社会学概念，是指自己出生和成长的家庭。夫妻关系、家庭氛围、传统习惯、家人互动等，都影响子女的心理及社会性成长。可以说，家庭对孩子的影响是最关键的，家庭不仅是孩子出生后接触到的第一个小世界，还告诉孩子这个世界应该被赋予什么样的意义和价值。原生家庭带来的伤害可能不仅仅包括身体上的伤害，也包括心理上的伤害，也称为童年心理创伤。童年心理创伤形成的具体原因各不相同，有的是父母太过专断独行，以至于孩子从小就不敢有自己的想法；还有的是父母对孩子千依百顺，可孩子却觉得父母连自己都应对不了，如何能够在这个世界上保护自己，最终在心底产生浓浓的不安全感。

有的人很幸运，出生在条件优越、父母关系协调、家庭教育方式先进开明、家庭氛围和谐的家庭中，父母有足够的爱给予他们，他们在爱的环境里长大，有一个温馨快乐的童年。如影片中陶西夫妇的女儿柯林斯和儿子小肖，他们的身上自带一种生命的活力，就像个小太阳，不仅温暖自己，也能温暖别人。相比之下，Mike 就不是那么幸运了，他出生在一个父母离异、母亲吸毒的贫民区，不管是物质层面还是精神层面，普通人的水平还要差上一截。但是要细细分析 Mike 从原生家庭里得到了什么，我们会发现，原生家庭不只带给了他伤痛，也带给了他温暖和依恋。伤痛让他抗拒，让他想要逃离；温暖和依恋则让他有安全感，想要依赖着母亲。

影片中通过几个片段表现出了 Mike 想逃离原生家庭，但又依赖母亲或者说原生家庭的矛盾心理。

片段一：在影片中，机械师对克顿教练简单讲述了 Mike 的家庭环境："Mike，他晚上经常来我家沙发上睡觉，这也是没有办法，他妈妈吸毒，而且也没有别的亲人了。"后来，因为 Mike 经常晚上留宿他家，机械师妻子大声责骂机械师。为了不让机械师为难，即便刮风下雨而且寒冷，Mike 也选择晚上自己在外面随便找个地方睡觉。

片段二：为了合法领养 Mike，尽管不用询问 Mike 亲生母亲的意见，但陶西太太还是选择尊重 Mike 的母亲，决定和她面谈。Mike 母亲对陶西太太说："州政府把他从我身边带走之后就是这么形容他的，就算送到别人家领养，他还是会半夜溜出来找我，不论我在哪里，那孩子都会找到我，照顾我。"

片段三：因为择校问题，Mike 和陶西太太之间有了摩擦，Mike 怀疑他们的用心，是不是在利用自己，他不知道这个问题的答案。在这种情况下，Mike 想见到自己的母亲，和她待一起，可惜没有见到她。

通过这些片段，我们能够感受到 Mike 其实能够意识到自己家庭存在问题，但他不知道该如何去解决，只能选择逃避远离，这样可以获得心灵的片刻宁静。Mike 家庭环境和氛围都不好，但很幸运的是 Mike 的母亲是真心爱着这个孩子的，Mike 也能感受到母亲的爱，于是对母亲也有一种难以割舍的依恋，在他难过、不知所措的时候，就会想去找母亲，和母亲在一起说说话。在这种矛盾心理的交织下，Mike 虽然在测试的各个项目上得分都在平均水平之下，但是他的保护意识非常强烈——保护母亲，保护家人。

随着越来越多的人在网络上控诉着自己的不幸，对自己原生家庭的不满，以及想要从糟糕的原生家庭中脱离出来，仿佛社会上已经形成了一种风气——提到原生家庭就带着悲伤与沉重。但在众多的故事里，还是有不少的人在诉说着自己从原生家庭中得到的积极能量，这些积极能量给了他们极强的安全感，作为后备精神能源，帮助他们在外面抵御一切艰难险阻。人的性格、品行、为人处世的方式等等是个体进入社会前的必修课，学好了，对自己益处很大，没学好，会给自己带来很多困难。可这些很大程度上都受到原生家庭的影响，并不是一个还没有从父母管教下独立的个人能够完全决定的事情，是不可完全掌控的。

原生家庭在很大程度上塑造了我们的过去，但是它并不能永远束缚我们的现在和未来。成长有多种定义，其中一种就是超越自己的原生家庭，被其捆绑，而不是陷入其中，不能自拔。作为一个独立的人，我们每个人都有权利、有责任，且有足够的能力去摆脱原生家庭的限制，为自己创造更自由、更美好、有更多可能性的人生。

二、夫妻关系——家庭关系的核心

当陶西一家人从学校参加完活动回家的途中，陶西太太看到了 Mike 在寒冷的冬天穿着单薄，很想询问一下情况。这时，陶西先生很有默契地停车问 Mike 要去哪里，得到答案后陶西先生就开车离去了。但没过多久，陶西太太说"turn around"，陶西先生没有犹豫立刻就掉头了。在听说妻子要带 Mike 回家留宿时，陶西先生立刻明白了妻子的意思："I have seen that look many times, she's about to get her way。"在后续陶西太太决定领养 Mike 的时候，充分尊重丈夫的想法，和丈夫进行积极的沟通，最终夫妻达成一致。这些片段很好地展现了陶西夫妇之间的默契，他们相互理解、包容、支持。

在心理学、社会学、法学等诸多学科中，可以看见"夫妻关系"这个词。夫妻关系是家庭关系的一种。家庭关系是指家庭成员之间固定的、特有的一种关系，表现为不同家庭成员之间的不同沟通互动方式和互助方式，是联结家庭个体之间的纽带。家庭关系包括很多种类，其中较为核心的有夫妻关系、亲子关系。而这两个关系中的夫妻矛盾、亲子矛盾是当代社会关注的热点问题，似乎整个社会充斥着婚姻的不幸福、父母子女的矛盾，甚至出现了各种流传甚广的言论，比如说"婚姻即是爱情的坟墓"等，这些现象也反映出人们想寻找到解决问题的方法和途径。

在中国大多数家庭里，都是先要满足孩子的愿望，把养育孩子放在家庭的首位。"留守妈妈""家庭主妇"等现象无不体现出家庭对养育孩子的重视程度。然而，在家庭把关注点都放在孩子身上时，也忽视了很多其他的问题，比如夫妻各自的工作和生活、夫妻之间的互动等。而被忽视的这些问题其实给家庭早就埋下了隐患，有大有小，只等待着在某天突然暴发。夫妻关系不协调、互不理解、经常争吵，还有叛逆无法沟通的孩子，这些问题的出现让人忍不住发问：为什么我花了这么多时间精力在家庭上，我的丈夫/妻子不理解我，我的孩子也不知体谅我呢？

把亲子关系放在家庭关系的第一位真的对吗？家庭系统排列理论认为，

家庭关系是一个整体，其中夫妻关系才是最为核心的，亲子关系应该排在夫妻关系后面，任何一个关系失调，都会影响整个家庭系统。显然，中国大多数家庭的关系排序是颠倒的。亲子关系在夫妻关系的前面对于父母和孩子都不是什么好事情。对于父母而言，付出太多将会产生强烈的牺牲感，让人在愤怒的情况下忍不住就想对孩子说出"如果不是你，我早就……"这样的话。除了牺牲感，过度关注孩子，还会淡化夫妻之间的关系。对于子女而言，父母对孩子投入太多，自然会有很高的期望。这种期望会让孩子有过大的心理负荷，而且也容易养成自私自利的性格。总之，以亲子关系为家庭重心会给家庭带来很多的隐患。

陶西夫妇一家虽然也很重视孩子的成长和生活，但可以看出夫妻关系仍然是其家庭的核心。陶西夫妇两人把自己的婚姻经营得很幸福，他俩的幸福给孩子们创造了良好的家庭氛围。夫妻之间有爱，整个家庭也会形成爱的氛围，在这种氛围下长大的孩子，心中也充满了爱，在人格及社会性发展方面将会比那些在缺少爱的家庭中长大的孩子更加健康。陶西夫妇的子女尽管性格不同，但是他们有一个共同点——在爱中长大，心中充满爱，也有能力去爱别人。

小肖和柯林斯并没有因为 Mike 的黑人身份而厌恶孤立他，反而是尽自己所能帮助 Mike 适应新生活。比如小肖逢人就开心地向别人介绍 Mike 是自己的大哥，并且为此感到十分自豪。当 Mike 在橄榄球队训练表现不好、受挫时，小肖很认真负责地给 Mike 制订训练计划，并亲自陪着 Mike 一起训练。小肖主动给 Mike 录制训练比赛的视频，希望留给 Mike 珍贵的影像，让他意识到自己的进步和成长，并在橄榄球运动中获得自信。可以说，小肖的帮助和陪伴是 Mike 能够逐渐融入橄榄球队、热爱橄榄球运动的重要原因之一。

柯林斯也是一样，面对周围一些不友善的风言风语，她选择忽视他们幼稚的发言，并不因为同伴的看法对 Mike 产生偏见。在影片中有很温馨的一幕——柯林斯在图书馆看到 Mike，她像妈妈之前的做法一样，照顾 Mike 的感受，选择和 Mike 坐在一起学习，不让他落单。小肖和柯林斯两个人就像两个小太阳，逐渐在照亮、温暖着 Mike 冰冷孤寂的心。

家庭关系是一个整体，其中的关系都有其重要性，但是夫妻关系为家庭关系的核心这一点必须牢牢把握住。只有这样，家庭关系才会越来越和睦，亲子之间的问题也变得容易解决，父母和孩子都将得到各自的自由，不被爱所捆绑，而是被爱滋养着。

三、积极的家庭教育

片段一：陶西太太带着 Mike 去买衣服，并没有选择去高档场所，而是照顾 Mike 的感受去了一家更亲民一点的服装店。到了店里，陶西太太告诉 Mike："我的购物经验是，买回家的衣服一定要你特别喜欢才会经常穿，所以在店里就要看好了，要挑选自己喜欢的。"

片段二：陶西一家决定领养 Mike，在一天早上，陶西夫妇很庄重地告诉 Mike："我们想成为你的法定监护人……就是想知道你是否愿意成为这个家庭的一分子。"

在这两个片段中，陶西夫妇都非常尊重、理解孩子的选择。不管是买衣服这种小事，还是领养这种大事，不强迫、不高高在上地指教、不以施舍的态度自居，而是真正把 Mike 当作一个思想自由且独立的人来进行平等的交流，充分尊重他的想法。

家庭教育是指父母或监护人对未成年人实施的身体素质、道德品质、生活技能等方面的培养，是塑造个人人格最重要的一环。心理学、教育学、社会学等多种学科对家庭教育及其相关领域的研究越来越重视。有学者认为家庭教育方式可以分为以下三种：

第一种，专制型家庭教育方式。这种教育方式比较常见，主要表现为对孩子有严格的强制性要求，比如干涉孩子日常的生活习惯、交友、兴趣爱好等。第二种，放任型家庭教育方式。表现为对孩子日常提出来的各种要求，父母及监护人都会顺从满足，即便物质条件缺乏，也要给孩子创造满意的条件。第三种，民主型家庭教育方式。在这种教育方式中，父母会逐渐尊重孩子，注重孩子个人的发展。通过这种家庭教育方式教育出的孩子更加独立自主，有自己的想法，在遇到问题时也会协商解决。显然，陶西夫妇是民主型的家长，会尊重理解孩子的做法，和他们平等地交流。对于 Mike 这种受惯了施舍的人来说，再也没有比平等对待更能使他得到安慰了。父母和孩子之间相互尊重也是维护家庭关系的好方法。

除了尊重孩子的想法以外，陶西夫妇还有很多值得称赞的教育方式。

注重家庭的仪式感。陶西太太为人体贴，善于察觉并照顾他人情绪。吃早餐时看见 Mike 独自一人在餐桌吃饭，而其他家人都在看电视，显得 Mike 更加孤单了。陶西太太立刻关掉电视让大家到餐桌这边吃饭，以此欢迎 Mike 的到来。电影还有一幕就是陶西夫妇以家庭会议的形式，全家人在客厅，很认真地询问 Mike 是否愿意成为这个家庭的一分子。仪式可以让某个事件、某个时刻变得非同寻常，产生别样的意义，相信多年以后 Mike 还会很清晰地记得这一天——在这一天，他加入了新家庭。

无条件地积极关注。陶西太太很细心地关注自己孩子的情况，比如她听到朋友猜测柯林斯可能会因为 Mike 的存在感到不适，她就马上找柯林斯交流这个问题。还有陶西太太为 Mike 准备专门的房间，很细心地不去触碰 Mike 内心的伤痛，帮助 Mike 取得驾照，关心 Mike 在学校的情况，等等。陶西太太从老师那里了解到 Mike 在一项测试中很多项目都落后于常人，只有一项"保护意识"在前 2%。看到这里，或者普通家庭就要放弃这个孩子了，因为保护意识虽然得分高，但看起来并没有什么用处，综合 Mike 的分数来看，他仿佛就是一个智力低下的孩子，永远教不好，没有教育的可能性。但是陶西太太恰恰是那个伯乐，她根据 Mike 保护意识这个强项，和克顿教练合作一起培养 Mike 成为优秀的左前锋。终于，Mike 在一次橄榄球比赛后，脱颖而出，被大家注意到。

在合适的时候教育孩子。当孩子遭遇了意外，是追究责任还是先安抚呢？影片中 Mike 和小肖很开心地驾驶新车兜风，却发生了意外。陶西太太并没有下意识地责怪 Mike，反而是关心安慰 Mike，保护他已经内疚不已的内心。最近，网上有一段很火的视频引起了大家的讨论，视频内容是姐姐想要背起弟弟，可是因为年龄小，力气也不够大，于是两人都摔倒了。奶奶跑出来第一时间就是厉声呵斥姐姐，姐姐在一旁不知所措地看着奶奶抱起了弟弟。相似的事件，不同的做法。大多数人很认同陶西太太的做法，小部分人认为奶奶做得没错。这似乎表现出了新旧教育方式的不同之处。在意外发生的时候，两个孩子都是害怕的，大的那个还会产生内疚心理。此时如果批评，只会加重孩子的内疚和羞愧心理，留下心理阴影。但如果选择先安慰，后教育的方式会不会更好一些呢？

相互感恩。陶西太太的朋友吹捧她："我觉得你这么做很棒，你向他开放了你家，你改变了这孩子的生活。"陶西太太说："不，他也改变了我的生活。"影片中还有一个陶西太太反思自己的片段，陶西太太觉得 Mike 的存在确实也满足了自己的心理，他也成全了自己的人生意义。传统教育都在告诉大家要尊敬长辈、感恩父母、孝顺他们，可是却很少有听到父母也应该感恩孩子的声音。感恩是一种美德，它可以为家人充电，父母听到孩子感恩自己会很开心。同样，孩子听到父母感谢自己，也会觉得自己的存在是有价值的，他们的生命也更加有意义。

Mike 是幸运的，遇到了陶西一家。积极取向的家庭教育能够带给孩子面对各种困难险阻的积极心态，勇于应对各项人生挑战。最终，Mike 将自己的弱点转化成了自身的优势，重新塑造了自我。他的改变来源于他自己的努力，也来源于陶西一家相互信任、相互包容、相互尊重、相互支持的爱。

（葛　清）

爱的呼唤

——《兔子暴力》中缺爱和缺位的原生家庭心理个案分析

中 文 名：兔子暴力

英 文 名：The Old Town Girls

类　　型：青春、家庭、犯罪

上映时间：2018 年

片　　长：106 分钟

剧情回眸

　　影片根据真实故事改编。故事发生在南方一座即将被废弃的重工业小城里，一直生活在继母阴影下的少女水青，渴望见到素未谋面的亲生母亲曲婷。十七年后，曲婷的突然归来，给从小缺爱的水青带来了温暖与快乐，她很快就融入了水青的生活，并与水青好朋友们组成了"青春兔子帮"，四个姑娘一起度过了一段自由奔放的快乐时光。然而一个神秘男人老杜的到来打破了这一份来之不易的幸福，同时也揭开了曲婷不为人知的另一面。为了捍卫失而复得的母爱，水青决定放手一搏，哪知冲动的行为闯下大祸，事情逐渐变得一发不可收拾。

　　曲婷在女儿水青出生后不久就走了。不久父亲就娶了继母，而后生下了一个同父异母的弟弟。水青一直跟着父亲和继母生活。父亲经常忽视水青，继母对水青也非常不好，因为不想打扫下水道的头发，强硬地剪掉水青的头发！因为继母的父母来家里了，不想让父母看见"外人"而不让水青进屋……

后来水青上了高中，曲婷回来了。水青非常渴望母爱。她不会因为母亲抛弃自己而不理她，反而通过偷看父亲的手机拿到母亲的手机号。告诉母亲，这是她自己的手机号，给母亲发消息，想请母亲吃一顿饭，之后绝不会打扰她的生活！对于水青的主动讨好，母亲也予以了回应，她们一起度过了一段非常难忘的时光。

根据剧情来猜测，曲婷应该是嫌弃水青父亲对她不好，所以离开去了澳门。傍上了一个大哥，有了赌钱的习惯。后来又中了大哥仇人的圈套，借了仇人的钱，被大哥知道后，剁了小拇指！欠债200万，逃了回来！但还是被要债的人找到了，让她必须在三天内凑齐200万。曲婷想尽了一切办法都于事无补，到了崩溃绝望走投无路的地步。水青为了留住母亲，作出了一个天真而且让几个家庭走向深渊的决定！

水青有两个好朋友，金熙和悦悦。金熙家里很有钱，父母长期在外做生意，基本不回来，这让缺少家人陪伴的金熙变得很叛逆！但在电影后面来看，金熙母亲应该是自己拿着钱跑了，导致追债的人一直去家里打砸要钱。这也变相地让金熙越来越叛逆，出现了心理问题，甚至有自残的行为。当然这是水青不知道的！

悦悦跟着父亲，没有母亲。父亲对悦悦有着病态的爱，而且似乎有暴力倾向，经常动不动就打她。父亲的师傅师娘没有自己的孩子，所以想过继悦悦，但奈何悦悦父亲不肯。还记得在隧道中许愿时，悦悦说她最大的愿望是：让父亲放过她！

水青想绑架金熙，然后来勒索金熙父母给自己母亲还账。但当天金熙跑了，无奈下只能绑架悦悦。但是在绑架过程中，母亲有了后悔的想法，但水青丝毫没有悔意，一心只想救母亲几乎到了疯狂的状态。怀着紧张忐忑的心情，母女二人将车开到了一条江边停了下来，准备实施计划。在与母亲谈话的过程中，悦悦醒了过来并大喊大叫。因为怕被路边游玩的人们发现，母女二人使劲捂住悦悦的嘴，从而导致了窒息。

往往真实的生活比艺术创作的电影更悲剧。在电影中，悦悦没死。但在现实事件中，悦悦死了。然后潦草结局，母女二人皆受到了法律的制裁！

案例点评

《兔子暴力》聚焦女性成长，关怀原生家庭对青少年的影响，讨论亲情和爱的执念。亲情之爱能迸发出难以想象的力量，当然，这种力量如果偏移了方向，那么最终注定是悲剧。电影的现实意义更多是一种警示，是对缺爱和缺位的原生家庭如何影响青少年成长的思考。孩子一定要百分百听父母的吗？父母观念和行为就一定是正确的吗？

孩子不是父母的附属品，父母除了呵护孩子的成长，更多的应该是引导，让孩子的成长不能偏离正确的轨道。现实生活中有太多"留守儿童"了，父母常年外出工作，导致与孩子聚少离多，孩子在缺乏爱与陪伴的环境下长大，他们的成长有着极大的风险，需要整个社会思考。

一、家庭角色的"缺位"

《兔子暴力》别出心裁地呈现了这样三个女孩：金熙家境优渥，却因为得不到父母陪伴而变得叛逆；悦悦被窒息的父爱束缚，过着灰暗的日子；水青刚出生不久就被母亲遗弃，在重组的家庭里格格不入。

三个女孩儿有一个共同点，那就是母亲的缺位。根据心理学的说法，母亲是小女孩儿第一个学习的榜样，尚在少女时期的她们敏感地体会到自己的无力与弱小，渴望快点长大，拥有成熟女人的魅力与能耐。她们模仿妈妈，把布娃娃放在手中，假装它是自己的女儿。一代代少女都是这样长大的。

由此可见，从小就没有母亲的水青该承受了多么压抑的青春岁月，加上身处于这座即将被废弃的南方重工业小城，暴力与犯罪横行，看不到任何希望的种子。她只能与同病相怜的两个女孩组成小团体，互相取暖。是水青母亲曲婷的突然回归点燃了三个女孩儿的生活！她穿明黄色洋装，开明黄色小汽车，妆容鲜亮，还是个身段窈窕的舞蹈演员。她谈起曾经舞台上的灿烂辉煌，一下子就在水青心里勾勒出了明晰的画面：秋千上，曲婷化身为吉卜赛女郎，正熠熠生辉抓住所有目光——这就是她想象中母亲的模样！神秘的美丽的流浪的母亲，就该是如此风华绝代！

有别于同类题材的处理手法，水青对抛弃她的母亲没有怨，没有恨，更没有狗血的亲情重逢桥段，有的只是仰慕与崇拜，这应该是女性内心最真实和私密的体验：一方面她从未被家庭重视过，早已被命运磨砺得乖觉伶俐，并没有多少恨的资本；另一方面她确实迫切需要一个偶像，照亮她前行的路。

她不怪她，正因为她没有养过她，这时候只是女性与女性的交流，她知道她是因为过得不幸福才遗弃了她，她太理解了。

记得电影里有一个片段是四个人各自说出内心的愿望，我以为这里会有一段女儿对母亲的缠绵告白，可水青却只吐出简简单单三个字：我愿意——也就是愿意为母亲做任何事——似乎已经超越了普通的母女情，不禁让人惊讶这小姑娘体内到底蕴藏了怎样巨大的能量。

二、父母离异——孩子心中的一道"伤疤"

故事的开头交代了女孩的早年经历，她自出生起就生活在继母家，继母从未把她当作自己的女儿，也从未承认她们是一家人。所以当水青回到继母住所时被关在了门外，理由是：继母的父母亲来了，他们一家人很久没有在一起吃饭了。而"一家人""我父母不想看到外人"两句话着实戳痛了少女的内心，它们就像是一根刺同时也扎在离异家庭的观众心里。

现在社会有不少重组家庭，但很多重组家庭都过得很幸福，因为只要有爱就没有问题。不少继父继母也都愿意拿出自己的爱给孩子，而孩子们自然也能分辨善意与恶意。也就是说重组家庭同样可以很幸福，但世界上也不乏有很多继父继母做出一些小肚鸡肠的行为，他们不愿意将爱瓜分，而他们这种吝啬爱的行为常常影响到孩子的一生。

对于当事人来说，婚姻悲剧的出现不仅仅是生活中单方面的小事，而是整个人生的重大挫折，是一次不小的人生经历与打击，因而必然会在一定范围内产生异常的震颤。而且父母的离婚不可避免地影响到子女，无辜的孩子们不得不承受家庭破碎的巨大痛苦和心灵创伤。单亲孩子的幼小心灵会产生失落感与自卑感，而子女们的自卑感会进一步加重父母的自卑感。大多数离婚者的自卑心理主要来自于对婚姻失败的沮丧，这种自卑感就像一座沉重的大山一样牢牢地压在他们的心头上。

单亲家庭孩子心理健康问题产生的常见原因：

（1）缺乏健全的爱。一个健全的家庭是孩子健康成长的土壤，无论是母亲无微不至的呵护，还父亲严厉的管教，孩子所得到的爱都是健全的。而对于单亲家庭孩子来说，尽管他跟随的一方可能会想方设法在物质方面满足他，但因为缺少另一方的爱而造成的心理创伤是任何物质都弥补不了的。还有一点就是在父母离婚之前，父母双方往往会在孩子面前相互攻击，导致父母在孩子心目中的威信下降，甚至仇恨父母，这也是孩子形成心理问题的一个重要原因。

（2）家庭教育的不当。离异的父母总觉得在什么方面亏欠孩子，于是对孩子过于溺爱，纵容孩子的不良习惯。有些离异的父母将孩子甩给长辈，自己很少过问，而爷爷奶奶、外公外婆由于年纪大，对孩子的教育根本就是力不从心，更谈不上给孩子正确的教育和引导。以上不当的教育方式，都容易导致单亲家庭的孩子产生心理问题。

（3）对父母离异缺乏正确的认识。由于离异的父母不能引导孩子正确看待离婚这件事，甚至在孩子面前把离婚的责任归咎给另一方，常导致孩子对父母充满怨恨，并对婚姻产生不安全感。加上孩子可能还要面临新的家庭成员的介入，凡此种种，如果没有很好的心理疏导，容易使孩子产生心理问题。

三、"错位"的母女关系

在一个家庭中，父母双方都对孩子起着至关重要的影响，任何一方的缺失和教育不当都会给孩子造成难以弥补的伤害。有句话叫作地球上本没有仇恨，但人们因爱生恨；地狱中本没有愤怒，只有一个受了嘲弄的婴儿——所有的恨皆来源于爱。有的时候原生家庭带给我们的伤害是不可避免的，但庆幸的是我们当中大部分人收获的爱意远远大于恨，我们没有必要为了不完美的家庭而懊恼，因为我们要对自己的人生负责。

弗洛伊德认为，每个孩子生来就有恋母情结。3—6岁出现的恋母情结是第一恋母情结，孩子出于"本我"对母亲无条件依赖，如果这个时候母爱缺位，孩子就会心灵滞后，恋母情结也会延后。水青自出生以后，母亲就走了，父亲继而娶了继母并且生下了一个弟弟。这样离异的家庭环境让水青从小就没体验过真正温暖的母爱，从内心分析，她也极度渴望得到母亲的疼爱。当母亲再次回来之后，内心的渴望得到了满足，并想要极力去抓，不想让这短暂的温暖时光流逝。

电影中有一个片段让人印象深刻，水青和母亲在剧院中初次看见老杜的时候，母亲情绪激动地把水青赶了出去，水青在外面等了一夜，不知不觉在外面的沙发上睡着了，梦中出现了极其压抑画面："有无数双手在敲击、拍打、撕扯着一层灰色的薄膜，随着一阵阵沉重的喘息声，灰暗的画面中央开始逐渐显现一根尖锐的利刺，这根带血的尖刺似乎快要将这层脆弱的薄膜刺透。"弗洛伊德曾说过，梦境是通往人的潜意识的康庄大道。她的梦境也侧面反映了她对母亲离开的恐惧。母亲的再次离开犹如一根带血的尖刺差点刺破水青最后的心理防线。进入青春期之后会开始第二恋母情结。此时的水青处于青春期，母亲的到来犹如一抹绚丽的彩虹出现在她晦暗的世界，看着母亲那样光彩夺目、美艳动人，她甚至想把母亲据为己有，似乎已经超越了普通的母女关系。

从影片中可以看出，水青表面表现得很无所谓，但内心渴望爱，甚至到了扭曲的地步。因为除了继母对她厌恶外，连她的亲生父亲也时常忽视她的存在，对她算不上好。水青是可怜的，因为她的前半生从未真正感受到家庭的关爱与温暖。所以在她亲生母亲回来后，她不但没有怨恨，甚至还主动讨好。不少人会奇怪她这样的行为，就如同金熙所言："你妈把你抛弃了这么多年，一个破手机壳儿就把你收买了？别给她好脸色看。"但水青沉默不语，只有她自己知道其中的心酸痛处以及内心深处对母爱的渴望。这也许是对"未经他人苦，莫劝他人善"最好的阐述。

不少观众会发现，影片里的母亲曲婷比起母亲更像是水青的朋友，她还与水青闺蜜们一起度过了非常快乐的时光，母女两人在相处的过程中也渐渐变得亲密起来。但故事不会这样美好，向曲婷讨债的人还是来了。整部影片从头到尾色彩都比较阴暗，其实也预示着后续故事的发展趋势。

不少人认为，水青和曲婷是"错位"的母女关系，因为女孩成熟懂事，母亲却更像个幼稚的小孩儿。似乎不管做什么，水青更有担当。在得知母亲遇到困难时，她去找来了父亲的房产证想要抵押财产，但被父亲和继母发现了；而后她又去找老杜商量，但也没辙；不得已的情况下两人想到了绑架有钱的同学。

也就是这里的一个镜头让"错位"母女关系体现得淋漓尽致：水青在交代事情后亲吻了母亲的额头，抚摸了对方的秀发。这些平时应该是母亲做的事情却由女儿做了，而作为母亲的曲婷则乖乖地躺着听水青的安排。

其实，影片里的母亲是爱着水青的，在水青向有钱同学父亲勒索后，她还想过放弃，因为她担心无法应付，也担心女儿会被牵涉其中。母亲的种种话语都体现了对水青的愧疚与自责："我们有时候做了一个决定，到了十多年后才知道是选错了。""我这辈子已经这样了，但你不可以啊。""我不想多一件后悔的事。"但在女儿眼里母亲是自己的全部，好不容易得来的爱她不想再失去。可惜意外发生了，被绑架同学因为害怕大声叫喊，为了阻止她，母女二人一不小心捂死了她。

影片最后没有给观众结局，但现实中的母女都受到了应有的惩罚。渴望爱并没有错，但那些不堪的手段不能成为为爱而做的借口。母女俩其实都很可怜，影片结束后相信不少观众都会为她们感到惋惜：要是母亲没有欠债该多好！要是女孩儿没有被抛弃该多好！要是她们可以像普通母女一样幸福地生活在一起该多好！但这场有关爱的梦还是结束了。母女俩的悲剧不仅仅是因为她们个人行为的错误，更是社会家庭的错误。

《兔子暴力》聚焦于女性成长，青春与女性是影片中重要的元素，我们在影片中看到了少女们的朝气蓬勃，也发现了青春的疼痛。原生家庭的伤害是孩子们青春道路上的一抹阴影，她们的遭遇令人感到难过。作为一部现实主义的青春女性电影，《兔子暴力》呼吁保护青少年，致力于传达正确的家庭教育理念。原生家庭对青少年的成长有着重大的影响，影片展示了不同类型原生家庭给人带来的伤害，青春道路上的疼痛更是直戳人心。影片警示我们，要让原生家庭成为爱的"培养皿"而不是恨的"催化剂"，应该给予在成长中的青少年们更多的关心与爱护，让孩子们从温暖和谐的家庭环境中汲取更多更好的养分。

（谭顺艳）

逆袭之旅

——《银河补习班》中励志的家庭教育心理个案分析

中 文 名：银河补习班

英 文 名：Looking Up

类　　型：剧情、家庭

上映时间：2019 年

片　　长：147 分钟

剧情回眸

《银河补习班》讲述了 20 世纪八九十年代，一对父子跨越漫长时光收获爱与成长的亲情故事。

父亲马皓文是一位桥梁建筑师，他因为自己设计和建造的桥梁突然倒塌而入狱。在监狱中，爸爸和妈妈签字离婚。还不懂事的儿子马飞被妈妈带走，但马飞决心和爸爸在一块。马皓文编了一个故事，谎称他要坐宇宙飞船回去，要儿子马飞先走，要不然他就输了。从此以后，马飞就被妈妈接走，一直和母亲生活在一块。

一日回到家中，母亲对马飞说要从这儿搬走，把他送到孟叔叔那儿，开始新的人生。母亲和孟叔叔忙于事业无暇顾及他，就通过关系把他送到了一所最好的寄宿制学校。母亲觉得这样一劳永逸，她只需要专心挣钱就能给马飞最大的帮助。

没了父母的陪伴又背井离乡，马飞的学习成绩一落千丈，成了年级最后一名。他在课堂上看《笑傲江湖》时被教导处的阎主任抓住，阎主任便想就此劝他退学。他母亲去学校恳请校长不要把他劝退。就在这时，父亲马皓文也来了，他觉得阎主任对马飞的处理很不公平。于是和阎主任打了个赌，马飞能在期末考试中进入全校前十，如果考不上就直接开除。

马皓文为了培养马飞的学习兴趣，就带他到外面的世界去，去体会古代诗词的意境，用感受来学习。他跟儿子说，当遇到麻烦时，要用自己周围的一切资源来战胜它，一直保持大脑的活跃思考。最终，在两人的共同努力下，马飞考进了全校前十，并且可以正大光明地继续在学校读书。

在马皓文的教导和帮助下，马飞的学习成绩突飞猛进。同时，他也一直在坚持着自己的梦想，影片最后马飞也成功地成了一名优秀的航天员。

在影片中，马皓文意外入狱，因此令他遗憾地错过了七年时光去陪伴儿子成长。从监狱出来之后，他就用自己独特的教育方法，以及满含爱意的方式，让儿子马飞自由地成长，学会了如何独立思考，如何勇敢地面对一切困难。

影片中，父子俩一同走过漫长的岁月，相互温暖与守护，他们之间的亲情与包容，充满了温馨和感动。

案例分析

影片中有三个截然不同的父亲，他们教育孩子的方式各有特点。这同时也生动形象地概括了当今社会的三种"中国式家庭教育"。

首先介绍的是影片的大男主，一位英俊、才华横溢、智商超绝的精英工程师——马皓文。他属于手握好牌但运气差了点，在人生的巅峰时刻锒铛入狱，媳妇也投奔了老孟，唯一庆幸的是儿子没有认"豪"做父。出狱后的老马教育方式独特，第一件事就是扔掉了马飞的作业，还在老师来家访时说了一段乍一听挺有道理的话："馒头反复、反复、反复加热，它会比新蒸出来的馒头好吃吗？"马飞在父亲的熏陶下，养成了独立思考、解决问题的能力，两次在洪水和太空危机中都化险为夷，而这也足够老马吹嘘一生了。

接下来这位是影片中的搞笑担当——老孟。老孟一出场就是一个左手拿着BB机，右手握着大哥大的装扮，一整个土大款暴发户的模样，一个人承包了全片99%的笑点。老孟虽然没有受过太多的教育，但对"儿子"马飞也算爱护有加，他的教育理念很简单：学校咱要上最好的，如果这学校不收留，咱就去找比这个更好的！多金家长就是这么任性。

那另外一位，就是本片小小的"反派"角色——学校教导处阎主任。他严厉呆板，没收课外书，趴窗户盯课堂，讨厌学习成绩不好的学生。老阎自幼家境贫寒，儿时的经历，让他对应试教育有着坚定的信念，而"以身作则"的结果，就是他引以为傲的儿子，仅仅难以承受住一次考试不利，便自杀未遂成了傻子。

三位父亲，三个群体，三种教育方式。老孟一味地追求好学校，阎主任一味地让孩子死读书，而这也是目前大部分中国家长对待孩子教育的态度与方式。那么问题来了，这真的是培养孩子成为人才的正确方式吗？而影片中的父亲马皓文则用自己为孩子做出榜样，同时重视培养孩子的自主性。他的成功能给我们其他做家长的提供一些什么有用的启示呢？

一、中国式家庭教育引发深思

"中国式家庭教育"过分强调成绩，就像电影里一样，马飞的逆反心理让他的学习成绩一直很差，因此教导主任说他将来不会有出息，甚至连亲生母亲也这么认为。他们都认为，一个孩子成功的唯一标准就是他的学习成绩。影片中，教导主任也有一个儿子，当年是轰动一时的天才，学习成绩优异，然而最后发展成了学校众人避之不及的"疯子"。这都源于教导主任对于孩子过分严苛的教育，过分强调成绩的教育是失败的教育。

现在很多父母都有这种观念，孩子接受教育，就是要有一个好的学习成绩，如果学习不好，那么这个孩子就"完了"。他们大多根本不在意孩子真正需要什么、喜欢什么。参加高考，考上一个好大学，将来再找到一份稳定的工作，这是大多数父母心中的"望子成龙，望女成凤"。如果父母的心没有和孩子的心站在同一条战线上，那么他们很难成为家庭教育中互帮互助的"好战友"。

教育学家陶行知先生说过：家长们教育孩子莫去做那"人上人"，莫去成为"人外人"，而要做"人中人"。这里所提到的人中人，是希望家长们拥有一个平和的心态，中庸并非平庸，学会让孩子去体验自己人生的意义、价值和乐趣。大多数家长都说是为孩子着想，但除了物质，精神支持对孩子来说更为重要。对待孩子应多一些包容、温暖、共情与关怀。所以教育的重中之重，是"以人为本"，应该先教孩子做人而不是成为考试的机器。

马浩文为人正直、上进、能干、真诚，他曾经是设计院的核心工程师，设计并建造了东平市最重要的工程——东沛大桥。然而，当东沛大桥崩塌的那一刻，一切都烟消云散了。马浩文始终坚信他的设计是正确的，结果他却成了整个设计院的替罪羊，被关了好几年。从此他的生活发生了翻天覆地的变化。妻子带着儿子离开了他，马浩文在牢房里饱受欺侮，儿子马飞也被同龄人欺负。

几年时间过去，马浩文提前获释，出狱后的他成了"过街老鼠"，所有的侮辱和嘲笑都来自于他以前的同事和朋友。面对这些马浩文表面上坦然处之，但背后也是包含着难以言喻的苦涩。马浩文内心不服，他找了很多人，写了很多申诉信，都被人踢皮球一样地拒绝了。

面对如此艰难的上诉之路，马浩文的选择是坚持。这一坚持，就是20多年。直到他在偶然间听到了事情的真相，发现自己是被当初最信任的徒弟背叛时，案件终于出现了转机。马皓文的冤屈马上就要洗清了，但此时又有人给他泼了一盆冷水，是他最疼爱的亲人，他的儿子马飞。因为儿子的上司告诉他，如果他想要成为一名宇航员飞上太空，那么他的家庭，他的父亲对官司纠缠不休，将可能成为阻碍他上天的一大问题。

"我是一个骄傲的人！"这句话马浩文说了两遍。马浩文在被谩骂、被欺负、被殴打的时候，从来没有低过头，但当此时儿子马飞劝他放弃二十多年的坚守，就为了自己未来的事业，马浩文真的难过地低头了。"我一直认为自己的教育还是不错的，可现在我明白，我彻头彻尾地失败了！"这一刻，马浩文无比落寞和悲哀。

良好的教育不仅是教书，更是育人！父母是孩子学习的启蒙者，也是生活上的引领者。人性既非本善也非本恶，而是既有善也有恶。人都有自私利己的一面。古语曾言：人不为己天诛地灭。良好的教育可以使人明白：人可以追求名利，但不要为了达到目标而不择手段；人也可以追求金钱，但君子爱财取之有道；为人处世应遵纪守法、严于律己，有所为而有所不为，而后可以有为。

值得庆幸的是，成年的马飞没有令人失望。"我也是第一次做儿子"，马飞抱歉地对父亲说。他一瞬间明白了，如果前途需要牺牲真相、正义带来，那么这份前途也不能算什么值得为之奋斗的好前程了。终究是马皓文的教育让这个孩子保有着纯良，误入歧途不要紧，但为人处世一定要有原则有底线，正义与光明，一定不能丢弃。

习近平总书记看望参加全国政协会议的医药卫生界教育界委员时也指出："教育，无论学校教育还是家庭教育，都不能过于注重分数。分数是一时之得，要从一生的成长目标来看。如果最后没有形成健康成熟的人格，那是不合格的。"

二、培养孩子的自我效能感

电影一开始，老师说马飞是一个缺根弦的破小孩儿。上中学后马飞是不讨老师喜欢的后进生，校长一度试图开除他，并讽刺道："煤球再怎么洗，永远也变不成钻石。"甚至亲生母亲也对马飞不抱什么希望："这孩子就这样，没救了。""我看你也没什么自尊心……也不撒泡尿照照，长了那年级前十名的脸吗？"

在马飞的世界里，所有人都觉得他一无是处，除了他的亲生父亲马皓文。

马飞小的时候，马皓文就说："你是这个地球上最聪明的孩子，你的脑子要一直想，你就永远不会缺根弦。"后来马飞通过努力，从班级倒数第一，考到了班级倒数第五。他觉得自己还是很差劲，可马皓文却说："天才啊，考得太好了。"很多人觉得马皓文对孩子的夸奖有点夸张了，其实不然，马皓文的做法有利于孩子"自我效能感"的培养。

班杜拉是一位杰出的心理学家，他认为"自我效能感"是人对自己是否有足够的能力，可以完成一件事情或胜任一项工作的自信程度。通俗来说，就是人对自己的判断，自己对自己的信心有多大，那么他们在遇到困难时的态度与坚持就会有多强。

自我效能感高的孩子，在学习这件事上，他们更有可能会为自己设立一个较高水平的学习目标，在困境中更加奋进努力，坚持得更久，且更加沉静、扎实，学习更专注。自我效能感低的孩子则完全相反。有研究结果显示，他们的学习成绩较自我效能感高的孩子会低出很多；他们更可能选择回避艰巨的任务，并设定相对水平较低的学习目标；他们还会选择更快地放弃有难度的事情，紧张、焦虑使得他们更加不愿为之奋斗。这相当于陷入了一个恶性循环，自我效果感高的孩子会越来越好，自我效能感低的孩子则容易愈发地不上进。

影片中，马飞先前的自我效能感很低，被老师责骂、被母亲训斥，使他一度认为自己没有任何成就感，将来什么也干不成，甘愿当一个差生。然而，父亲马皓文给了马飞无限的爱意与鼓励，让马飞重拾对未来的憧憬与希望。他勤奋刻苦，最终取得了一定的进步，他的自我效能感也得到了大幅度的提升，由此形成了一个良性循环。每一个孩子在他们的成长道路上都会经历磨难，尝到挫折与失败的滋味，但他们遇到挫折时的态度，面临困难时的心态，才是决定他们走向何方的关键因素。

三、让孩子知道为什么而学习

学习的历程是艰难和困苦的，那为什么有一些孩子轻言放弃，而有些孩子能对学习甘之如饴呢？也许这份答案就藏在马皓文对马飞的教育里。

马飞之前的学习成绩一直上不去，母亲说："认真学习就是为了考清华、北大。学不好就楼下卖煎饼。"许多家长也是这么教育孩子的：努力读书是为了考上一个好的大学，毕业后找到一份有脸面的工作，最终拥有一个美好人生。但马皓文的想法不同，他告诉儿子："清华、北大只是过程，不是目的。人生就像射箭，梦想就像箭靶子。如果连箭靶子也找不到的话，你每天拉弓有什么意义？"这句话其实是在强调学习目标的重要性。

从心理学角度来看，目标可以分为两类：一类是"掌握目标"。父亲马皓文在影片里一直不断激励儿子马飞要让大脑保持活跃、灵活思考，寻找人生理想，为成为宇航员而学习，就属于掌握目标。另一类则是"表现目标"。这些孩子的注意力并没有放在学习本身上，而是在靠学习成绩上超越他人，从而得到认可和优越感。

许多父母的嘴里总有一个"别人家的孩子"，他们永远热爱学习，永远活泼可爱。这种赤裸裸地把自己家孩子与他人进行强烈对比，甚至孩子一旦考试成绩不理想就斥责他们，并向孩子们灌输"好好学习才能出人头地，否则将来就只配去捡垃圾、扫大街"的观念，其实就是在不断地激励孩子建立一种表现目标。

这两种不同的目标会让孩子们的学习产生怎样的区别呢？调查结果显示，持掌握目标的孩子更可能专注于学习本身这件事情上，他们能做到不断改善自己的学习方式，督促自己去探寻更好的学习习惯。而那些持表现目标的孩子，除了把注意力放在自己的学习上，还同时关注和比较其他孩子的学习和成绩，不仅分心还更有可能被负面情绪左右，胜易骄、败易馁。

另外，掌握目标是由孩子们自己决定还是由其他人替他决定的，都会极大地影响到孩子们的学习成绩，产生天差地别的结果。所以，如果家长们希望孩子能努力读书，那就得先让孩子们自己明白学习的目标是什么。兴趣是第一生产力，找对了方向，拥有了动力，前进就变得理所当然了。

马飞对学习没有动力，兴趣不足，马皓文就带着他去帮助有困难的民工们，用所学到的"连通器原理"，让他感受到自己所学的看似枯燥无味的物理知识，却能产生强大的力量解决难题，帮助他人。马飞每次写语文作文都觉得很伤脑筋，于是马皓文带着他去感受教室外的世界，来到生机盎然的大自然里，他们去品、去听、去认真地体会着这个世界的美妙，并成功让马飞体会到了书中所描写的"草色遥看近却无"是怎样一个场面，怎样一种意境。

这就是马皓文教育儿子的：真正的学习是从兴趣开始的。马皓文的教育理念就是：提升孩子的兴趣，不把学习知识限制在教室里，多去外面的世界感悟和体会，言传身教，让孩子真正喜欢上读书。最后，马飞能成为学校最出色的孩子，也在我们意料之中。让孩子们首先认识到知识的强大能量，然后去体会和感受学习带来的乐趣，明白我们学习的意义，这样去提升孩子们的学习成绩，就自然而然了。

四、良好的亲子关系是重中之重

在剧情里，马皓文被诬陷后入狱七年，出来后儿子对他的态度是非常抗拒的。因为长期缺少父亲的陪伴与关爱，让马飞感受到了强烈的不安与被抛弃感。而父亲马皓文也能够理解孩子的委屈与失望，所以对马飞开始的种种不接受甚至责怪和用拳头说话的方式，都能做到一并接纳，并且选择用一个充满父爱的拥抱回应孩子。而在后续的父子生活中，马皓文永远坚定地相信儿子，付出了满满的爱，由此在他们之间建立起了良好的亲子关系。

"对不起儿子，爸爸也只是第一次学着当爸爸。"这是影片中马皓文唯一一次对儿子发火，如果换成一般的父亲，大概率就这么算了，轻描淡写地一笔带过。马皓文却做了一个小降落伞，认真地跟孩子道歉，"对不起儿子，爸爸也只是第一次学着当爸爸，所以爸爸也会犯错。"

与大多数成年人相比，孩子好像显得更加宽容大度。因为总有一些家长即使做错了事情也拉不下这个脸去和孩子真诚道歉，还有的会觉得和孩子说对不起是一件非常削弱自己权威的事。可是我们不是一直在教育自己的孩子："做错了事情要学会和别人真诚地说对不起。"只要家长们考虑孩子的感受，尊重他们的想法，做错事时诚恳地道歉，孩子就会再次敞开心扉，接纳我们。

研究发现，那些父母能够与其建立良好亲子关系的孩子，不但会更加独立、有主见、快乐、坚强，而且他们在学校的表现也极佳。这样的孩子因为从家长那里得到了满满的爱与安全感，即使面临失败与挫折，也能积极自如地处理，从中提升各种技能，同时逐步掌握自主学习的能力。

从马皓文教育马飞的种种细节中可以体会到，马飞的逆袭不是偶然，而是必然。就算他不能从全校最后一名，一年之内成为全校前十，他也能通过自己的努力成为全班前十。就算没有考上清华、北大，他也可以找到自己喜欢的工作，不断收获，不断成长，去实现自己的人生价值。这样的人生无疑是幸福的，也是值得的。每一个家庭都是孩子们温馨的避风港，而非给他们带来负担与压迫。

马飞也曾被同学们排斥，被校长训斥，甚至连累班主任被处分，他绝望到哭着和爸爸说想要放弃："太难了，爸爸，我还是去卖煎饼吧。"

是什么让马飞跌倒了还有勇气重新站起来，哪怕清楚地知道读书是一件有苦有泪的事情依旧坚持不放弃呢？是父亲马皓文让他知道，即使自己会犯错，即使自己在某些地方不如人，即使自己有很多缺点和不足，但他有爱他的父亲，他有最坚实的后盾，这是他一生最宝贵的财富，足以支撑他完成人生梦想。

五、家庭教育中的罗森塔尔效应

罗森塔尔效应也叫"教师期待效应"，这背后有一个可爱的小故事。一批心理学家在当地一个小学随机挑选了一些孩子，美其名曰做一个"潜能测评"，测评完成后交给了校长一份"最有潜力"的学生名单。据此学校便召集这些孩子，并把他们组织成一个单独的班集体，督促带班老师们重点培养。经过一段时间的精心教育后，进行了一次学业测试，这些孩子的学习成绩提升幅度惊人，如同坐上火箭一般，"开挂"人生由此打开。这些孩子们变得越来越优秀，为人处世也愈发自信自如，毫不怯场。

心理学家罗森塔尔在对此次实验的总结中提出："这是'积极暗示'在起作用。孩子们的老师根据这份报告认为这个班的孩子们拥有极大的潜力，所以极其努力地促进和鼓励他们。在这样一个良好的氛围中，孩子们的成绩提高了，性格也变好了，都显得如此顺理成章。"同样在家庭教育中，罗森塔尔效应也可以很好地说明，为什么家长们对孩子的期望，很大程度上影响着孩子们的心态和未来。

影片中，缺根筋是老师对马飞的评价，说他笨是妈妈对他的看法，而他的同班同学也都觉得他是个怪类，排斥他。不断地被否定、被指责说是一个"差生、坏孩子"，以至于渐渐地马飞自己都觉得自己是个傻子，没有光明的将来，以后就只能在楼下卖煎饼了。然而，身为人父的马皓文始终没有放弃马飞，对他能成才这件事情坚信不疑，还在校长决定让马飞退学时，和校长打赌：等自己的儿子毕业离开学校后，马飞一定会成为这个学校最出色的那个学生。

马皓文经常告诉马飞，"你就是最棒的""你是爸爸的骄傲"。而马飞也终于从父亲那充满了憧憬的目光中，生平第一次产生了想要学习的欲望。马飞不是一块永远变成不了钻石的煤，他只是一块被尘埃覆盖的钻石。马皓文的教育，就是在一步步地帮助马飞把尘土擦干净，让马飞这颗钻石散发出自己的光芒。

千万别小瞧作为家长对孩子成长的影响力，即使是小小举动，对孩子也能产生巨大影响。影片中有这样一段情节，马皓文对儿子说："你的脑子要一直想，就可以干这个地球上所有事情。"马飞深刻地记住了父亲教给他的这句话，头脑保持活跃，学会独立思考。所以被困于百年不遇的洪水中时，他学会了利用周围的物品来拯救自己。在太空中，飞船不小心被太空碎片击中，如此危急关头，生存机会相当渺茫，但马飞通过自己的智慧和胆量拯救了自己和伙伴们。

父亲的话语，在马飞的心中埋下了一颗种子，在不断的成长历练中，最终长成了参天大树。别小看一句话的威力，也别小看任何一件对孩子可能产生影响的事情，这都将影响孩子们未来的成长与方向。

家长们在教育孩子时，应尽力做到对他们多一些鼓励少一些批评，多去表扬而少去斥责，尽力地肯定他们，积极正面的话语，会成为孩子们今后成人成才的金钥匙。卓越非凡的孩子从来都不是天生如此，也不是自己独自长成的，一切都是有迹可循、因果往复。他们的根基在家庭，他们的源头是父母。

莫言曾说：孩子的优秀，都浸透着父母的汗水。并不是每个父母都懂得做父母，只有学会科学、聪明的育儿方式，才能培养出卓越的孩子。

（蒋凌玮）

平庸者的惊声呐喊
——《绝叫》中家庭对于自我成长的塑造

中 文 名：绝叫

英 文 名：The Voice Calling Your Name

类　　型：剧情 / 犯罪

上映日期：2019 年

片　　长：4 集 / 每集 52 分钟

剧情回眸

　　故事的开头是女主角阳子被发现死在了自己的独居公寓里，而她并非是刚刚死去，而是已经死了好几个月，因为尸体散发出的味道而被发现的。当警察赶到现场时，发现她的尸体已经被房间里的十一只猫咪吞食，这些猫看起来像是主人公自己所喂养的，这样不寒而栗的一幕使在场的所有人都想要探索出阳子生前发生了什么以及究竟被何人所害。这具尸体被初步判定为"孤独死"，然而女警官却觉得事情不会这么简单。随着她一步一步地深入调查，阳子悲惨的人生轨迹渐渐地显露在观众面前。

　　阳子出生在一个无爱的原生家庭，有一个聪明、在学业上较有天赋的弟弟，妈妈从阳子很小的时候就宠爱弟弟，但对阳子却冷若冰霜，从小没赞扬过阳子一句，反而对弟弟却溺爱有加。即使弟弟在高中时自杀身亡，母亲也没有将爱转移到阳子身上。

　　全剧描述了女主人公阳子因为从小得不到父母的爱与认可，对自己没有任何自我能力上的认知，在经历了被父母抛弃、校园暴力、被另一半背叛、被社会打压、被保险行业潜规则的所有不幸之后，自我放逐，堕入黑暗，最后为了生存而选择使用保险金杀人手段，变成麻木冷漠的连环杀手的故事。

以《绝叫》命名也是在诉说主人公阳子一生绝望又孤独的呐喊，以及不断地追寻爱又总是受伤的无可奈何。

案例分析

主人公阳子生活在一个极度扭曲的原生家庭中。二战后日本的失业率和犯罪率激增，阳子的母亲受时代的影响，成了一个卑微的相夫教子的家庭妇女。在重男轻女观念的影响下，她将所有的希望寄托在了小儿子小纯的身上，用冷漠的态度对待阳子，将对自我的否定施加在了阳子的身上，从而使得阳子在成长过程中不被重视，甚至被忽视，内心的感受在很大程度上被压抑而得不到表达，内在情绪被孤立，得不到支持和关爱，缺乏安全感、自我认同和自我价值感。

大男子主义的父亲很少参与到阳子的成长中，他对母亲家暴，物化女性。由于父亲这个角色的缺失，导致了阳子对于母亲角色的过度眷恋，而母亲又对其冷漠相待，这也是阳子之后走向堕落的原因之一。而母亲从来不敢对父亲的暴力行为说不，阳子在母亲的影响之下间接塑造了软弱的人格，在未来不敢跟一系列施加在她身上的不公平叫板。

家庭是我们一生的避风港，孤独又无人关注的童年需要一个人用一生去和解，原生家庭对每个人的影响长达一生。父母对于孩子的教养方式也决定了一个孩子是否能够相信自己值得被爱以及勇敢追求爱，一个人未来所看待世界的态度和眼光都有着原生家庭的渗透。

一、父母眼中的欣赏是孩子健康成长的开始

生活当中，要做到真正地欣赏孩子并不容易，这需要我们从心底里放

下内心狭窄的认知与对孩子的成见。主人公阳子的母亲从一开始就忽视孩子，看不见孩子取得的进步，从心底里漠视孩子的成长，导致阳子的一生得不到认可，在心底里变成了一个自卑的孩子。

作为父母，需要客观地看待孩子的表现，不要总是一味地挑剔，永远对孩子设立诸多要求。父母想要真正地欣赏孩子，第一件事就是要做到放下自己的偏见和标准，不要老从自己的角度去看待问题。孩子的世界是充满色彩的，一味地以自己的标准和视角来看待孩子，只会抹杀孩子成长过程中更多的丰富性与可能性。

父母要为孩子营造一个有爱的氛围，才能够一步步培养孩子的亲社会行为。而亲社会行为是指孩子能够懂得帮助他人，为团队做贡献的一种行为。这是孩子在成长过程中与社会的联结，也是孩子健康心理状态和高社会适应水平的外化表现。而影片中的阳子生活在一个冷漠麻木的世界里，一个无爱的家庭中，这样的成长环境是她最后对社会中的人情冷暖彻底失去信心而走向犯罪这条不归路的催化剂。

所以说，足够的欣赏和支持能够让孩子感受到自己是被关心、尊重的，并且能够培养孩子良好的个性品质并做出更多的亲社会行为。一个良好的社会支持网络能够帮助个体更好地意识到他人对自己的恩惠，并提高个体的社会适应性水平；反之，一个不良的社会网络将会影响孩子人格和个性的塑造。

二、父母有效的沟通和陪伴是孩子寻找自我的开始

父母是孩子成长过程中的第一位老师，也是陪伴孩子时间最长的一位老师。尊重和赏识是培养孩子健全人格的基础，亲子间的有效陪伴与欣赏不仅能提高亲子关系的亲密度，还能够让家长及时地参与到孩子成长过程中的每一环节，培养孩子对于自我能力的准确认知和自信心以及对于亲密关系的安全感，这也是孩子之后能够敢于表达自我和拥有良好的人际关系的基础。

追求自我同一性的完成是孩子寻求自我的重要转折点。自我同一性代表着孩子将自己的情感和能力进行统合从而对自己的未来做出思考，这是成长过程中所不可或缺的。而缺乏有效的沟通和陪伴会很大程度上影响孩子自我同一性的形成，使孩子极度自卑、敏感。在阳子每一次走向堕落的独白中，我们都能看到阳子对自身能力的不确定以及对自我的怀疑，她需要通过不断地自我说服来确定自己行为的合理性，这种催眠式的自我说服体现了她缺少对于自身的认知以及自我角色的定位。在她的自我说服中，我们可以看出伦理和逻辑是可以不共存的。这种自我说服也凸显了阳子的很多性格：轻易信任他人、缺乏安全感、急于证明自我、短视等。

可见，只有父母在孩子的成长过程中"晓之以理、动之以情"，才能贴近孩子，让孩子快乐健康地成长。

三、父母的无条件积极关注是悦纳孩子的开始

每个人的成长环境里都充满着条件，而我们也慢慢地内化了这些"条件"。这些条件体现着父母和社会的价值观。以人为中心疗法的创始人罗杰斯称这种条件为价值条件。

无条件积极关注，原本是指咨询师不以自己的主观评价对待当事人，无条件地从内心接纳对方。在家庭教育中，父母对孩子同样也需要无条件积极关注。如果父母能够从内心深处无条件积极关注和接纳孩子，孩子将会生活在一个和谐的家庭氛围中；反之，缺失了无条件积极关注就会像剧中的女主人公阳子一样，形成一种讨好型人格，将他人所犯的错以及对待自己的"不友好"归咎于自己不值得被爱。

"我明明没有做错任何事，为什么你要那么讨厌我？"

"你的女儿我是个杀人犯，你倒是给点反应啊，哭或者生气，你在听吗？！"

面对自己母亲像一堵石头墙一般，无论阳子怎么哭叫呐喊、锤打，哪怕是把手锤得血肉模糊，都没有一丝回应。

阳子和母亲，从来都不在一个平等的对战平台上。很长一段时间，她都被内心中对母亲的渴望和期待，对母亲的信任和依赖，以及母亲的无情和冷漠支配着。

美国心理学家罗杰斯曾提出"无条件积极关注"的教育观点，具体来说就是，一个人从出生到自我意识觉醒的这段时间，主要是凭着自己的天性在行事，这一阶段的孩子还不会从内心评价自己，所以他们会从外界寻求他人的评价。而这时与他们接触最频繁的父母就成了他们首要寻求的评价对象，如果父母以自己的价值观去肆意评价孩子，就无形之中或多或少地将他们自己的观念和对孩子的要求渗透到孩子内心的价值体系之中了。在这种情况下，孩子就可能会为了得到父母的赞扬而去做一些"正确"的行为，但却忽视内心真正的感受。比如小时候为了得到父母的关注，扮演乖孩子或故意恶作剧，以及选择自己不喜欢的专业等。

此时孩子会表现出一种极端的盲目性，为向外寻求父母或者他人的认同而时常忽略内心的真实想法，从而陷入矛盾状态，最终导致失去"爱自己的能力"，严重的可能导致心理病态。

但如果在早年家庭教育中，父母能够给予他们无条件的积极关注，也就是他们可以自由地选择做最真实的自己，而不用担心丧失父母的爱。当有了这样的支持之后，孩子就会更关注自己内心的想法，成长成一个有主见的、独立的个体。当然需要强调的是，父母需要对孩子的错误行为进行纠正和引导，但是在批评教育的过程中应就事论事，批评行为本身，而不是将责骂针对孩子个人。

父母成功帮助孩子完成社会化的过程中，有主见的孩子对自己充满爱，即使遇到挫折、犯错的时候，会判断哪些过错是自己应该承担的，哪些是他人应该承担的。即便是自己应该承担的错误，也不会归结为是"我"这个人本身不行，从而形成一种习得性无助。因为他们知道自己是一个值得被爱的人，就不会自罪自责，也不会轻视自己的生命。

四、忌比较、多鼓励是孩子从内心接纳父母的开始

影片中阳子的母亲从来不肯从内心接纳阳子，她总是能看到阳子弟弟的优点而看不到阳子所取得的进步，她从心底里打压阳子。在传统男尊女卑思想的禁锢下，她不肯在阳子身上投入一丁点的教育支出，认为阳子永远比不上弟弟。这样的教育环境导致了阳子内心的自卑，认为自己不配得到偏爱与欣赏。

班杜拉认为：个体行为的发出是人、行为、环境这三种决定因素之间的一种连续不断的交互作用，个体能够通过观察来自社会或者周围环境中的一些行为并把它复刻进自身的行为体系之中。影片中阳子从小目睹的父亲对母亲所实施的家暴行为以及社会中随处可见的强者对弱者的欺凌都在阳子心中留下了很深的印记，以至于在此之后她会去复刻这些犯罪行为，一步步走向不幸，在接二连三的受挫和打击中形成一种反社会人格障碍。这也进一步说明了个体会对环境中所发生的行为进行无意识的模仿。

父母在养育子女的过程中，总是逃不开一个怪圈，即便是父母自己也逃不开，就是不自觉地拿自己或者孩子与周围环境中的其他人去比较。法国心理学家拉康曾说过：儿童思维的镜子阶段是一种认证，其目的在于"发现差异"。这种差异一旦形成一个标准，就可以作为孩子们将自己与其他事物进行对比的依据。但对于一个正处在成长阶段、身心尚未完全成熟的孩子来说，他们的内部并没有一个完善的参照体系，他们对于事物的判断更多的是从家长那里获得标准的。他们会不自觉地去模仿父母的一些行为，也会不自觉地从内心中接受父母对他们所作出的评价。

人们都有对负面信息更为敏感的消极偏差，如果孩子总是听到父母对自己的消极评价，久而久之也会对自己的能力形成一个负面消极的评价。这样的消极认知会让孩子在面对任何挫折与不公时失去与命运叫板的勇气，逆来顺受。

心理学家苏珊·福沃德博士曾在书中说："小孩是不会区分事实和笑话的，他们会相信父母说的有关自己的话，并将其变为自己的观念。"

现在有很大一部分父母擅长"打击式"教育，但这种教育方式并不能让孩子达到家长内心的期望，反而会给孩子的成长带来消极影响。如果孩子经常受到父母的打击，那么，他们往往十分自卑，通常会因为一些不经意的小事就陷入自我怀疑和自我否定。来自父母的打击像是一根针，在经年累月的岁月冲刷下，深深刺在子女的心头。

五、父母如何与孩子进行沟通

家长和孩子的沟通，实际是两个生命的碰撞。每一位父母都想有一个健康聪明的孩子，但是孩子的健康成长并不仅仅需要物质上的满足，更需要父母的呵护与关爱，以及心灵的沟通。当孩子还不会说话的时候，他们会用自己的目光凝视父母，用表情来告诉父母自己的心情，他们喜欢父母的抚摸，喜欢父母与自己对话。而作为父母也需要懂得怎样去和孩子进行心灵的沟通，特别是当孩子逐渐有了自己的思想和行为的时候，已经不需要父母的协助就可以做一些事情的时候，沟通就显得尤为重要。

一个良好的沟通与教育方式不仅可以让孩子懂得替他人着想、懂得人际关系的重要性，更能树立正确的人生目标，因此作为父母，尊重孩子，为沟通建立桥梁是很重要的。而缺乏有效沟通，孩子会变得自卑、叛逆，亲子关系紧张；针锋相对的沟通会让家庭中充满矛盾。

沟通技巧第一招：同理心倾听

所谓同理心倾听，即接受孩子的观点，不打断。孩子在向我们倾诉的过程中一定要耐下心来，不要打断，对每一件事情不同的人有不同的观点，当我们与孩子观点不一致时，我们一定不要直接拿出家长的权威极力去反驳他，或直接以对错来下定义。我们应该用同理心站在孩子的角度，去感受他的情绪，去理解他行为背后的原因，去倾听孩子内心的声音，换位思考，平等对话。

沟通技巧第二招：和孩子平等对话

平等对话首先要有一个平等的姿态，这就要求家长们能够蹲下来跟孩子讲话，并耐心创造一个安静的环境，使孩子放下心理戒备，跟孩子进行深度的沟通。除此之外，平等也要求家长们能够放下自己的"年龄滤镜"，在孩子面前勇于承认错误；同时把孩子看成独立的生命个体，营造平等民主的家庭环境，让孩子轻松自在并敢于和爸爸妈妈们交流自己心底的声音。

沟通技巧第三招：学会避免和化解冲突

随着孩子逐渐长大，他们的主见开始形成。当他们有了自己独特的想法时，冲突开始不可避免地发生，或是同父母，或是同身边的朋友同学。年龄越大，这样的状况也就越明显。

选择适当的方式避免和化解孩子成长过程中发生的冲突在此刻就显得尤为重要。其实要做到这一点也很简单。在尊重孩子的基础上，尽量拓展他们成长的空间。将责任简单地归咎于父母或是孩子都是不科学的。要培养孩子的独立思考能力和责任意识。在这个时代成长起来的孩子是完全具备这个能力的。他们懂得在这个过程中学习反思，而他们用自己的理智来化解冲突的能力也会逐步形成。父母更是可以在解决冲突的过程中吸取经验，成为孩子成长道路上最好的伙伴和扶持者。

当孩子因为和别人发生冲突而怒火正旺时，父母没必要要求孩子立刻冷静下来，也不要帮着孩子一同指责惹恼他的那个人。有的父母会对孩子处理问题的能力有所怀疑。但事实上，只要给孩子一点调整情绪的时间，再经过父母的开导，他们就会很快明白刚刚还令他怒火冲天的事情其实并没有想象中那么严重。

父母在开导孩子的同时，一定要让孩子觉得"心理平衡"，有所劳则有所得，万事万物讲求公平合理，用科学的育儿观和价值观引领孩子。除此之外，也要认同孩子的合理抱怨，像一个知心朋友一样去开导孩子，用包容的态度和眼光看待孩子所处的世界，不要一味地带着年龄和阅历的优越感来教导孩子，在孩子天真单纯、非黑即白的视角下也许能带给成人不一样的感悟。所以家长在与孩子相处时能够做出非原则性的让步，在某种程度上也体现了作为家长的包容与豁达，这在教育中是弥足珍贵的。

六、结语

影片展示了一个灰暗的社会环境，折射出了种种黑暗的社会现实，例如：重男轻女,校园霸凌，家暴，泡沫经济下近乎疯狂的日本，家庭教育缺失下的问题少年……主角在大时代的巨震中努力寻求着生路，然而她的一生却生活在这余震之中。她做出过很多错误的决定，在岔路口前摇摆不定，最后一头扎入了漆黑的未来。

影片以《绝叫》命名，或许是母亲在见到弟弟尸体时绝望悲伤的嚎叫，或许是穿着校服的阳子在河边不甘地叫喊，或许是阳子在举刀刺向神代时近乎歇斯底里的大叫，或许是母亲坠下山崖时阳子的呜咽，也或许是许许多多个她拼命挣扎的时刻下无声、沉默的呐喊。

她拼死挣扎着逃脱过许多幽暗的鱼缸，也终其一生都没逃出过那个她自己造就的鱼缸。

（田　璐）

参考文献

一、中文文献

[1] 安晶卉 . 青少年心理咨询中的问询技巧 [J]. 中小学心理健康教育 ,2009（05）.

[2] 布雷姆，米勒等 . 爱情心理学（第 3 版）[M]. 郭辉等，译 . 北京：人民邮电出版社，2010.

[3] 蔡丹，沈勇强 . 游戏治疗 [M]. 上海：上海教育出版社，2019.

[4] 曹海丽，姜紫龙 . 父母教养方式对幼儿心理发展的影响 [J]. 商业经济 ,2009（05）.

[5] 程海云，姚本先 . 辨析儿童心理发展的连续性与阶段性 [J]. 现代中小学教育 ,2007（11）.

[6] 陈国明 . 初中学生逆反心理探究 [J]. 科学咨询（教育科研）,2008(04).

[7] 陈顺森，张日昇 . 箱庭疗法在聋生心理咨询中的应用价值 [J]. 中国特殊教育 ,2007（01）.

[8] 陈正祥，晏先华，刘鞠 . 当代青年婚恋心理探究 [J]. 思想政治教育研究 ,2009,25（02）.

[9] 丁玉，徐改玲，甄龙，杨建立 . 儿童焦虑症状与性别、年龄的关系 [J]. 精神医学杂志 ,2014（02）.

[10] 董金平 . 青少年性心理发展过程及其常见问题与对策 [J]. 青年探

索 ,2000（04）.

[11] 傅宏 . 儿童心理咨询与治疗（第 3 版）[M]. 南京：南京师范大学出版社，2007.

[12] 高婷婷 . 高中生网络成瘾发展轨迹及其影响因素研究 [D]. 长春：吉林大学 ,2020.

[13] 谷松 . 当代中国大学生心理特点的分析与教育 [D]. 哈尔滨：哈尔滨工程大学 ,2004.

[14] 侯芳 . 高中生厌学的表现、原因及其对策 [D]. 呼和浩特：内蒙古师范大学 ,2013.

[15] 侯志瑾 . 儿童心理咨询与治疗的发展与现状 [J]. 首都师范大学学报（社会科学版）,1996（04）.

[16] 韩玥 . 优势视角下针对青少年"早恋"行为的探究与引导 [D]. 北京：首都师范大学 ,2012.

[17] 黄希庭 , 等 . 青少年学生身体自我特点的初步研究 [J]. 心理科学 ,2002（03）.

[18] 黄永玲 , 李若瑜等 . 家庭教养方式与 3—6 岁儿童情绪行为问题的关联 [J]. 中国学校卫生，2022（02）.

[19] 焦君华 . 痴迷网络导致的青少年违法犯罪现象研究 [D]. 武汉：华中师范大学 ,2008.

[20] 蒋利容 . 初中生性心理健康现状调查及干预研究 [D]. 成都：四川师范大学 ,2016.

[21] 井军弟 . 意识状态改变的理论与心理治疗实践问题研究 [D]. 西安：陕西师范大学 ,2007.

[22] 静进 . 注意缺陷多动障碍与学习障碍 [J]. 中国实用儿科杂志 ,2005（09）.

[23] 康成 . 浅析青少年早恋 [J]. 现代教育科学 ,2004（08）.

[24] 李重阳 , 俞凤茹 . 青少年的逆反心理及其应对策略 [J]. 怀化学院学

报（社会科学）,2006（09）.

[25] 李红娟 , 罗锦秀 . 系统家庭治疗技术在心理治疗中的应用 [J]. 校园心理 ,2010（02）.

[26] 李慧仙 . 海灵格与其家庭系统排列疗法 [J]. 大众心理学 ,2015（05）.

[27] 李玖玲 , 等 . 中国儿童青少年抑郁症状流行率的 Meta 分析 [J]. 中国儿童保健杂志 ,2016（03）.

[28] 李茂 , 刘鹏 , 王晨阳 . 当代青年婚恋观念的现状特征及其引导策略研究——基于河北省的调查 [J]. 社会科学论坛 , 2021（04）.

[29] 李玉英 . 青少年成长与心理教育 [J]. 陕西教育学院学报 ,2000（04）.

[30] 梁志坤 . 中学师生关系存在的问题及对策研究 [D]. 武汉：华中师范大学 ,2013.

[31] 林崇德 . 心理学大辞典 [M]. 上海：上海教育出版社 ,2003.

[32] 林崇德 . 发展心理学 [M]. 北京：人民教育出版社，2009.

[33] 林崇德 , 李庆安 . 青少年期身心发展特点 [J]. 北京师范大学学报（社会科学版）,2005（01）.

[34] 林孟平 . 心理咨询与治疗 [M]. 北京：生活书店出版公司，2022.

[35] 刘凤英 , 姚志刚 . 青少年早恋的原因分析及其疏导策略 [J]. 科技信息（学术研究）,2007（30）.

[36] 刘新庚 , 刘建亚 . 当前青少年思想行为的热点问题、成因及其对策研究 [J]. 中国青年研究 ,2013（04）.

[37] 卢彩兰 . 如何引导学生文明上网　健康成长 [J]. 教育教学论坛 ,2010（34）.

[38] 陆钫方 . 中学生的家庭归属感、学校归属感与社会性发展的关系及干预研究 [D]. 昆明：云南师范大学 ,2021.

[39] 陆静萍 . 行为治疗技术在儿童心理治疗中的利与弊 [J]. 文教资料 ,2006（07）.

[40] 罗凤雏 , 罗一平 . 青少年早恋的原因探析 [J]. 甘肃教育 ,2005（Z2）.

[41] 吕雄 . 浅谈中学生厌学症的产生及对策 [J]. 四川教育学院学报 ,1997（04）.

[42] 吕静 . 儿童行为矫正手册 [M]. 杭州：浙江教育出版社，1992.

[43] 马国田 , 吴峥蓉 , 曹静 . 中学生逆反心理产生的成因及应对策略 [J]. 学校党建与思想教育（普教版）,2007（01）.

[44] 马帅帅 , 宋杨 , 肖孙莹 . 以学校为基础的儿童青少年心理健康促进干预研究进展 [J]. 中国学校卫生 ,2022（05）.

[45] 梅建 , 李莲惠 . 早期养育方式和环境与儿童生长发育关系研究 [J]. 中华儿童保健杂志 ,1998（01）.

[46] 宁佳青 .4—6 年级小学生的家庭教养方式、社会支持与咬指甲行为的关系研究 [D]. 牡丹江：牡丹江师范学院 ,2017.

[47] 彭美佳 . 留守儿童亲子关系、述情障碍及手机依赖的关系研究 [D]. 湘潭：湖南科技大学 ,2020.

[48] 漆明龙 . 青春期情绪特点及教育 [J]. 川北教育学院学报 ,1994（01）.

[49] 乔凤杰 . 不能"网"住欲飞的翅膀——消除青少年网瘾的策略纵横谈 [J]. 吉林教育 ,2007（Z2）.

[50] 邱丽娜 . 父母教养方式对中学生早恋态度的影响研究 [D]. 重庆：西南大学 ,2010.

[51] 任丽平 . 家庭心理治疗的理论、技术及应用 [C]// 中国中西医结合学会精神疾病专业委员会第十一届学术年会论文汇编 . 义乌：2012.

[52] 任胜涛 . 青少年厌学现象的成因及心理辅导机制构建 [J]. 中国青年研究 ,2016（04）.

[53] 任涛 , 王礼贵 . 大学生逆反心理的产生、分析及对策 [J]. 医学与社会 ,2006（09）.

[54] 单松涛 . 谈"德西效应"在学校管理中的应用 [J]. 教育探索 ,1996（01）.

[55] 史斌 , 史淑琴 , 刘文根 . 谈青少年厌学的原因与对策 [J]. 河北北方学

院学报,2006（01）.

[56] 司悦.青少年厌学心理的内在成因探析 [J].学园（教育科研）,2012（07）.

[57] 孙凌波.身体印象与青少年心理健康 [J].中国青年研究,2007（04）.

[58] 汤笑.婚恋心理学 [M].北京：中国城市出版社,2006.

[59] 童小婷.高中生青春期性心理状况调查及性健康教育策略研究——以兰大附中为例 [D].武汉：华中师范大学,2018.

[60] 王海娟,贾赟,李寿福.中小学生心理问题的识别和干预策略 [J].科学咨询（教育科研）,2022（04）.

[61] 王珲.现代儿童心理发展特点探析——评《儿童心理发展理论》[J].中国教育学刊,2016（08）.

[62] 王娜.父母教养方式对青少年人格影响作用的研究 [J].湖北教育学院学报,2006（09）.

[63] 王晓辉.经验家庭治疗 [J].大众心理学,2002（12）.

[64] 王晓萍,傅宏.儿童游戏治疗 [M].南京：江苏教育出版社,2010.

[65] 肖莉,林钰婷.俗语与中国人的婚恋观 [J].福建论坛（人文社会科学版）,2013（12）.

[66] 徐光兴.儿童游戏疗法心理案例集 [M].上海：上海教育出版社,2007.

[67] 徐光兴.爱情、婚姻、家庭心理案例集 [M].上海：上海教育出版社,2009.

[68] 徐光兴,欧阳阳光.婚姻幸福学——婚姻家庭咨询师培训教程 [M].上海：上海教育出版社,2012.

[69] 徐光兴.心理咨询与治疗——临床心理学的理论与技术（第3版）[M].上海：上海教育出版社,2017.

[70] 严霞,兰雅文.愤怒和恐惧情绪对青少年风险决策行为影响研究 [J].保健医学研究与实践,2009,6（04）.

[71] 姚月红.青少年自杀的社会原因反思 [J].当代青年研究,2005（05）.

[72] 雍那 , 等 . 精神科门诊就诊青少年特征及心理健康状况 [J]. 中国健康心理学杂志 ,2017，25（02）.

[73]（加）约翰·贝曼 . 萨提亚转化式系统治疗 [M]. 钟谷兰等，译 . 北京：中国轻工业出版社 ,2009.

[74] 云晓 . 爸爸妈妈不可不知道的家庭教育心理学 [M]. 北京：朝华出版社 ,2009.

[75] 曾祥宇 , 等 . 家庭因素对青少年自我伤害行为的影响研究 [J]. 伤害医学（电子版）,2016，5（04）.

[76] 曾文星 . 青少年常见的心理问题 [J]. 中国心理卫生杂志 ,1988（03）.

[77] 曾文星 . 夫妻的关系与婚姻治疗 [M]. 北京：北京医科大学出版社，2001.

[78] 赵绍友 . 中学生对正面教育为什么说"不"——谈中学生逆反心理的形成和调适 [J]. 中小学心理健康教育，2007（11）.

[79] 赵欣 . 青春期常见心理问题及其原因分析 [J]. 中小学心理健康教育 ,2009（19）.

[80] 张爱宁 , 徐光兴 . 大学生心理危机干预研究 [J]. 教育探索 , 2008(02).

[81] 张海燕 . 心理剧在心理健康教育实践中的应用研究 [J]. 思想·理论·教育 ,2004（Z1）.

[82] 张双东 . 初中生厌学问题与转变策略研究 [D]. 长春：东北师范大学 ,2011.

[83] 张书义 . 心理咨询主要理论流派述评 [J]. 天中学刊（驻马店师专学报）,1997（03）.

[84] 张燕 , 邱秀娟 . 儿童抽动症病因及治疗研究进展 [J]. 山东医药 ,2015（42）.

[85] 张跃兵 , 等 . 情绪障碍儿童家庭环境影响因素及其父母的人格特征 [J]. 中国儿童保健杂志 ,2018,26（07）.

[86] 张仲明 . 心理诊断学 [M]. 重庆：西南师范大学出版社，2013.

[87] 郑淑杰, 陈会昌, 陈欣银. 儿童社会退缩行为影响因素的追踪研究 [J]. 心理科学, 2005（04）.

[88] 周克英, 等. 深圳市小学儿童注意力缺陷多动障碍流行病学调查 [J]. 中国当代儿科杂志, 2012（09）.

[89] 朱国庆. 青春期：叛逆期或英雄期 [J]. 现代教育, 2017（11）.

[90] 朱臻雯. 家庭治疗在中国临床心理咨询与治疗中的应用探索 [D]. 上海：华东师范大学, 2003.

[91] 吴波, 黄希庭. 因满足而幸福：婚姻期待研究回顾与展望 [J]. 心理科学进展, 2012（07）.

二、英文文献

[1] Corony Edwards, Jane Wills. Teachers Exploring Tasks in English Language Teaching[M]. New York City：Palgrave MacMillan, 2005.

[2] Li, F., Cui, Y., Li, Y., Guo, L., Ke, X., Liu, J., Luo, X., Zheng, Y.,& Leckman,J.F. Prevalence of mental disorders in school children and adolescents in China：diagnostic data from detailed clinical assessments of 17,524 individuals[J]. Journal of Child Psychology and Psychiatry, 2022, 63（1）：34–46.

[3] Luo Y, Cui Z, Zou P, Wang K, Lin Z, He J., &Wang J. Mental Health Problems and Associated Factors in Chinese High School Students in Henan Province：A Cross–Sectional Study[J]. International Journal of Environmental Research and Public Health, 2020, 17（16）：5944.